KB143835

맛있는 빵 만들기의 과학적 원리에 대한 Q&A 131
제빵의 과학

과학에 자신 없는 사람에게 전하는 빵의 비법, 제빵의 과학

대부분의 빵은 밀가루를 바탕으로 한 2차 가공식품에 속한다. 오늘날에는 그 종류도 다양하며, 빵집에 가보면 많은 빵이 마치 경쟁하듯 먹음직스러운 모양을 서로 뽐내고 있다. 당연히 이러한 빵을 만드는 데 쓰이는 기법과 과학도 발전해 왔다. 그동안 우리 선조들이 그만큼 많은 노력을 해온 것이니 우리가 잘 이어받아 앞으로 계속 발전시켜 나가야 한다. 다만 어떤 식으로 발전시켜 나갈지는 제빵과 관련된 사람들의 입장에서 생각해야 할 문제라고 본다. 대규모 빵집, 중소규모 빵집, 호텔의 베이커리, 동네 작은 빵집 등이 저마다 나름대로 발전해 나가야 한다고도 생각한다.

제빵에 대해 끝없이 연구하고 파다 보면 끝에 가서는 분자 수준으로 다양한 문제를 논할 수밖에 없게 된다. 아주 세세한 부분에까지 걸쳐서 이것저것 분석해야 하기 때문이다. 당연히 우리의 눈에 보이지 않는 것도 많다. 문제 제기 역시 그 범위가 다양하다. 생물화학, 미생물학, 유기화학, 물리학 등 의문의 고리를 던지면 한없이 이어질 것이다. 그러한 것들을 하나하나 해명해 나가려면 막대한 시간과 에너지 그리고 잘 갖춰진 환경이 필요하다. 그야말로 필생의 과업이라 말해도 과언이 아니다.

그런데 대규모 빵 제조회사의 연구실이라면 가능할지 몰라도 동네의 작은 리테일 베이커리(직접 만들어 파는 빵집)에서 일상적으로 빵을 만들어 팔면서 틈틈이 현미경으로 관찰한다거나 시험관을 흔들어보기란 불가능하다. 역시 동네 빵집은 매일 빵을 구워내는 것이 주된 업무다. 구수하고 맛있는 빵을 구워내는 일, 그것이 베이커이자 제빵 기술자의 사명이다.

그런데 이렇게 매일 빵을 만들어 파는 사람이나 홈베이킹을 즐기는 사람에게 과학은 필요 없을까? 답은 '아니다'이다. '어떻게 해서 빵 반죽이 완성되는가?', '빵 반죽은 왜 부풀어 오르는가?', '빵에서 나는 고소한 냄새는 어떻게 생기는 걸까?'와 같은 소박한 의문에 대해 자기 나름대로 답을 찾기 위해서라도 선조들의 족적을 조금이나마 더듬어 볼 필요가 있다. 그리고 자신이 만드는 빵에 대한 신념을 뒷받침해 줄 이론을 확립해야 한다. 꼭 분자 수준의 과학을 알아야 하는 것은 아니다. 그저 스스로 이해할 수 있고 필요한 범위 내의 학습이면 그것으로 충분하다.

하지만 매일 바쁘게 일하면서 성가신 공부까지 이어나가려면 상당히 강한 의지가 있어야 한다. 필자가 경험하기로도 현장에 있었을 때는 일을 끝내고 마시는 맥주가 유일한 낙이었고, 술에 취해 아롱아롱한 기분으로는 도무지 공부할 생각이 들지 않았다.

그래서 모든 현장에서 구슬땀을 흘려가며 매일같이 빵 만드느라 고생하시는 분들 그리고 앞으로 제빵에 본격적으로 뛰어들려는 초보자 분들에게 이 책을 바치고 싶다. 이 책은 제빵 이론 안내서로, 필자가 가진 이해력의 범위와 독단에 따라 '현장에서는 필요 이상의 설명이 필요 없다'라는 생각을 바탕으로 한다. 또 '기초 과학에 약한' 분들을 위해 복잡한 화학 반응식이라든지 분석 결과 자료 등은 웬만하면 본문에 싣지 않았다. 대신 다양한 화학 반응을 일러스트로 이미지화, 의인화하고 의태해보려고 노력했으니 부담 없이 읽어주시면 좋을 것 같다. 낮잠을 청하기 전이라든지 술 한 잔 기울이며 읽어도 괜찮다. 이해가 되지 않는 부분은 거듭 읽어 보자. 당장에는 모르겠더라도 그 분위기라든지 대략적인 이미지는 분명 느낄 수 있을 거라고 믿어 의심치 않는다. 그 이미지를 저마다 빵을 만들 때 대입해 보는 것이다.

과학 자체는 어떤 분야든 간에 나날이 발전하여 그 깊이가 심오하다. 그저 귀찮다며 손가락 물고 방관만 하지 않고 현장 기술자로서 '빵을 만들 때 하나라도 더 도움이 되겠지'라고 생각하는 자세가 꼭 필요하지 않을까.

한편 이 책은 학술서가 아닌 만큼 문헌 소개와 그에 준하는 내용은 생략하였으니 그 부분은 양해 바란다.

요시노 세이이치

목차

들어가며 2

PART 01 재료

< 밀가루 >

밀제품의 보급 - 왜 밀은 주식으로 사람들의 식생활에 정착되었나요? 16
밀가루의 분류 - 시중에 판매되는 밀가루에는 어떤 종류가 있나요? 또 어떻게 구분해서 쓰면 되나요? 17
글리아딘과 글루테닌 - 왜 밀이 제빵에 적합한가요? 19

< 원 포인트 레슨 1 **이스트** > 20

밀단백질이 많이 들어 있는 강력분 - 왜 제빵에는 강력분이 적합한가요? 22
한국, 일본산 밀의 제빵 적합성 - 한국, 일본산 밀로 빵을 만들 수 있나요? 23
밀 전분의 호화와 고화 - 반죽은 끈적끈적한데 굽고 나면 어떻게 폭신폭신하고 부드러운 빵이 되나요? 24

< 원 포인트 레슨 2 **아밀로스와 아밀로펙틴** > 26

밀알의 구조 - 맥아밀과 전립분은 어떻게 다른가요? 28
밀가루의 입도 차이 - 덧가루로는 왜 강력분이 좋나요? 30
이물질이 섞이는 사고를 막다 - 밀가루를 촘촘한 체로 걸러주는 이유는 무엇인가요? 31

< 발효종 >

이스트의 용도 - 빵의 종류에 따라 생이스트와 드라이이스트를 구분해 사용하는 이유는 무엇인가요? 33

< 원 포인트 레슨 3 **이스트** > 37

이스트 용액의 온도 – 드라이이스트와 생이스트의 이스트 용액 온도가 다른 이유는 뭔가요? **40**
이스트 보관법 – 생이스트, 드라이이스트, 인스턴트 드라이이스트는 각각 어떻게 보관해야 하나요? **42**
냉동 반죽의 이스트 양 – 왜 냉동용 반죽에는 이스트를 평소보다 많이 넣나요? **44**
중국에서 탄생한 천연발효종 – 노면이 무엇인가요? **45**
천연 효모 – 천연 효모빵은 왜 맛이 시큼한가요? **46**
천연발효종 – 채소주스에도 이스트처럼 빵 반죽을 발효시키는 힘이 있나요? **47**
일본주 양조에 쓰이는 발효종 – 주종팥빵에서 주종이란 무엇인가요? **48**
주종팥빵의 탄생 – 왜 팥빵에 주종을 넣었나요? 또 팥빵을 만들 때 이스트는 병용하지 않아도 되나요? **48**

< 유지·유제품·달걀 >

린 타입의 빵과 리치 타입의 빵 – 린 타입의 빵과 리치 타입의 빵에는 어떤 차이점이 있나요? **50**
유지의 효과 – 빵을 만들 때 버터 등 유지류는 어떤 역할을 하나요? **51**
접기형 반죽에서 유지가 하는 역할 – 크루아상과 데니시 페이스트리를 구우면 왜 겹이 생기면서 부풀어 오르나요? **53**
노화를 늦춰주는 유지와 달걀 – 리치 타입의 빵은 시간이 지나도 린 타입의 빵보다 부드러운데 그 이유가 무엇인가요? **54**
버터와 쇼트닝의 차이 – 버터를 쓴 빵과 쇼트닝을 쓴 빵은 구웠을 때 어떤 차이가 있나요? **56**
유제품의 효과 – 빵을 만들 때 우유 등 유제품은 무슨 역할을 하나요? **57**
유제품을 쓸 때 수분량의 차이 – 우유나 분유를 넣으면 반죽이 쪼그라드는 이유가 뭔가요? **58**
원유와 시판 우유 – 우유를 반죽에 섞을 때, 왜 한 번 끓였다가 식힌 것을 사용하나요? **59**
탈지분유의 이점 – 빵 반죽에 우유보다 탈지분유를 넣는 경우가 많은 이유는 무엇인가요? **60**
달걀흰자의 열변성 – 브리오슈 특유의 풍미를 죽이지 않으면서 가볍게 구워내려면 어떻게 해야 하나요? **60**

< 물 >

적절한 반죽 물 온도 – 반죽할 때 왜 물 온도를 올리기도 하고 내리기도 하나요? **62**

목차

반죽 물의 온도 구하는 방정식 – 반죽 물의 온도는 어떤 식으로 정하면 되나요? 63
수분량 차이에 따른 반죽 상태 – 반죽의 굳기와 완성된 제품의 상태에는 어떤 관계가 있나요? 64
제빵에 적합한 약산성 물 – 알칼리성이 강한 물은 왜 밀가루 반죽에 적합하지 않나요? 65

< 원 포인트 레슨 4 **pH** > 66

< 소금·설탕·기타 첨가물 >

소금의 역할 – 빵을 만들 때 소금을 꼭 넣는데, 소금 없이는 빵을 못 만드나요? 소금은 빵에 어떤 역할을 하나요? 69
소금의 흡수성 – 빵에 넣을 소금을 프라이팬으로 미리 구워두는 이유는 뭔가요? 70
라우겐 용액의 역할 – 라우겐 용액이 무엇인가요? 또 어떤 역할을 하나요? 71
몰트 시럽의 역할 – 프랑스빵 등 하드 타입의 빵에 몰트 시럽을 배합하는 이유는 뭔가요? 72
이스트의 역할(반죽 개량제) – 이스트 푸드가 무엇인가요? 또 어떨 때 쓰면 되나요? 74

PART 02 제법

직접 반죽법(스트레이트법) 80
중종법(스펀지 도우법) 85
발효종법(사워종법) 89
단시간 반죽법(노타임 반죽법) 93
저온(냉장) 장시간 발효법 95
액종법(폴리쉬법) 97

PART 03 공정

< 계량하다 >

빵 반죽의 적절한 온도 관리 - '제빵은 그날의 기온 측정에서부터 시작된다'라는 말이 있는데 왜 그런가요? **100**
제빵용 온도계 - 제빵에는 어떤 온도계를 쓰는 것이 좋을까요? **101**
계량의 단위 - 재료의 분량은 보통 무게로 나타내는데, 왜 용적으로 재면 안 되나요? **102**
제빵용 계량기 - 제빵 재료의 계량과 반죽 분할에 쓰는 저울의 종류에는 어떤 것들이 있나요? **102**
베이커스 퍼센트 - 빵 배합표에 단위가 나와 있지 않은 이유는 무엇인가요? **104**
파트 퍼 밀리언(ppm) - 프랑스빵의 배합에 ppm이 있었는데 이것은 무슨 뜻인가요? **106**
미량의 분말을 계량하는 비결 - 사분할법 - 이스트 푸드 1g은 어떻게 해야 쉽게 계량할 수 있나요? **109**

< 합하다·치대다·밀고 접다 >

반죽 온도 - 실패 없이 빵을 만드는 포인트는 무엇인가요? **110**
제빵용 작업대 - 빵 반죽에 적합한 작업대에는 어떤 재질이 있나요? **112**
제빵용 믹서 - 믹서는 어떤 종류를 갖추어야 하나요? **113**
믹서 기종의 적절한 선별 - 왜 빵의 종류에 따라 믹서 기종을 바꿔야 하나요? **114**
믹서의 회전수 조절 - 수직형 믹서만 가지고 있는데 이것으로도 프랑스빵 반죽이 가능한가요? **115**
믹싱 속도와 시간 - 빵의 종류에 따라 믹싱 속도와 시간이 다른 이유는 무엇인가요? **116**
글루텐의 강화 - 반죽을 치댈 때 도마나 작업대에 내리치는 이유는 무엇인가요? **119**
퀵 브레드 반죽법 - 보통 빵은 밀가루를 잘 반죽해야 하는데 왜 퀵 브레드는 대충 가볍게 해야 하나요? **120**
반죽의 신전성과 유지의 가소성 - 크루아상과 데니시 페이스트리의 반죽과 유지를 식힌 다음에 밀고 접는 이유는 무엇인가요? **122**
반죽을 접을 때 온도 관리 - 크루아상과 데니시 페이스트리의 층을 균등하게 부풀리려면 어떻게 해야 하나요? **123**
반죽의 냉장 보관 - 치댄 반죽을 보관하고 싶은데 어떻게 하면 되나요? **125**
린 배합의 반죽을 다룰 때 - 하드 롤 반죽을 밀 때 반죽밀대를 쓰지 않는 편이 더 나은 이유는 무엇인가요? **127**

목차

< 발효 - 1차 발효·펀치·분할·둥글리기·벤치 타임 >

착한 균과 나쁜 균 – 발효와 부패는 어떻게 다르나요? 128
발효 활동과 글루텐 조직 – 빵은 왜 부풀어 오르나요? 129
발효를 돕는 설탕: 발효 시스템 – 빵 반죽에 설탕을 섞으면 빵이 부드럽고 푹신푹신하게 구워지는 이유가 무엇인가요? 130
발효기와 도우 컨디셔너 – 빵 반죽을 발효시키려면 어떤 환경이 적합한가요? 133
1차 발효: 반죽을 둥그렇게 뭉치는 이유 – 발효시키기 전에 왜 반죽 표면을 매끈매끈 둥그렇게 뭉치나요? 135
반죽 표면의 건조 방지 – 둥글게 뭉친 반죽을 비닐시트 등으로 싸는 이유는 무엇인가요? 135
발효 상태 판단법과 팽배율 – 최적의 발효 상태는 무엇을 보고 판단하나요? 136
팽배율 구하는 방법 – 팽배율은 어떻게 구하나요? 138
발효 상태 판단법: 핑거테스트 – 발효한 반죽을 손가락으로 찔러 펀치와 분할 시기를 판단하는 이유는 무엇인가요? 139
펀치의 의미 – 왜 한 번 부푼 빵 반죽을 도로 찌그러트리나요? 141
글루텐 조직을 강화하는 펀치 – 펀치는 보통 밀어 누르듯이 하는데 치대면 왜 안 되나요? 144
반죽 둥글리기의 의미 – 분할한 빵 반죽을 둥글리는 이유는 무엇인가요? 145
벤치 타임의 의미 – 왜 벤치 타임을 거쳐야 하나요? 146
성형의 방법 – 완제품의 형태는 비슷한데 왜 빵의 종류에 따라 성형 방식에 차이가 나나요? 147
저온에서도 발효를 계속하는 빵 반죽 – 데니시 페이스트리 등 접기형 반죽은 1차 발효 후 냉장고에 잠시 두는데, 발효가 중단되면 반죽 상태가 나빠지지 않나요? 149
발효를 촉진하는 방법 – 빵을 대량으로 만들 때 발효 등 대기 시간을 단축하려면 어떻게 해야 하나요? 150

< 굽기 >

제빵을 위한 오븐 – 다양한 종류의 빵을 구우려면 어떤 오븐을 갖추어야 할까요? 151
글루텐과 전분의 열변성 – 구운 빵에 크러스트와 크럼이 생기는 이유가 무엇인가요? 152
빵의 냄새 성분 – 빵에서 고소하고 향긋한 냄새가 나는 이유는 무엇인가요? 156

< 원 포인트 레슨 5 **캐러멜화 반응**> 158
< 원 포인트 레슨 6 **메일라드 반응** > 159

오븐의 온도 - 왜 오븐 내 온도를 미리 올려 두어야 하나요? 159
프랑스빵의 쿠프 - 성형한 바게트와 바타르의 표면에 겹치듯이 칼집을 넣는 이유는 무엇인가요? 160
피타빵 만드는 비법 - 피타빵은 속이 텅 비어 있는데, 왜 구울 때 밑불을 강하게 해야 하나요? 161
베이글의 식감 - 베이글은 왜 굽기 전에 한 번 데치나요? 162
빵 윤기 내기 - 달걀물을 발라 구우면 빵이 반들반들 구워지는 이유가 무엇인가요? 또 달걀물에 물은 왜 넣나요? 163
태우지 않고 광택을 내는 쇼트닝 - 오븐에서 빵을 꺼낸 후 표면에 쇼트닝을 바르기도 하는데, 달걀물과의 차이점은 무엇인가요? 164
프랑스빵 특유의 크러스트 - 프랑스빵의 껍질은 얇고 바삭바삭한데 왜 속은 촉촉하고 부드럽나요? 165

PART 04 **빵에 관한 여러 가지 상식**

세계에서 가장 오래된 빵 - 세계 최초의 빵은 누가 언제 어떤 모양을 어떤 식으로 만들었나요? 168
한국과 일본에서의 빵의 역사 - 빵은 어떻게 해서 전해지게 되었나요? 169
발효빵의 정의 - 세계 각국에 다양한 종류의 빵이 있는데, 과연 빵은 어떻게 정의 내릴 수 있을까요? 169
주식으로서의 영양가 - 밥이 빵보다 속이 든든하다고 말하는 이유는 무엇인가요? 또 둘 중 무엇이 영양가가 좋은가요? 170
쌀과 밀의 성분 차이 - 쌀가루로도 빵을 만들 수 있나요? 172
곰팡이가 번식하는 조건 - 빵에 왜 곰팡이가 피나요? 곰팡이가 피지 않게 하려면 어떻게 해야 하나요? 173

< 원 포인트 레슨 7 **수분 활성(AW)** > 176

목차

프랑스빵의 크러스트와 크럼 비율 – 왜 프랑스빵은 크기와 모양이 다양한가요? 178
프랑스빵의 노화 – 프랑스빵을 갓 구웠을 때는 겉껍질이 바삭바삭하고 크럼은 부드러운데, 왜 금세 껍질이 눅눅해지고 안은 퍼석퍼석해지나요? 180
팥소와 반죽 양의 균형 – 팥빵을 가르면 속에 빈 공간이 있는 이유는 무엇인가요? 181
호밀의 성질 – 펌퍼니클은 왜 그렇게 무겁나요? 182

<원 포인트 레슨 8 **호밀빵**> 184

호밀빵의 특징을 살려서 먹는 방법 – 호밀빵은 왜 얇게 썰어 먹나요? 184
바네통을 쓴 빵 – 뺑 드 캄파뉴를 바구니에 담아 발효시키는 이유는 무엇인가요? 186
크럼의 완성 – 영국빵과 식빵은 오븐에서 꺼낸 후 잠시 그대로 두는 것이 좋다고 하는데 그 이유가 뭔가요? 187
승려의 모습을 본 뜬 브리오슈 – 브리오슈는 왜 버튼이 볼록 튀어나온 듯한 모양인가요? 188
샌드위치용으로 적합한 크럼 상태 – 샌드위치용 빵으로는 시간이 조금 지난 것이 좋다고 하던데 왜 그런가요? 189
건조 과일의 효과 – 빵 반죽에 과일을 섞을 때 생과일이 아니라 건조 과일을 쓰는 이유는 무엇인가요? 190
며칠 두고 먹을 수 있는 파네토네 – 왜 파네토네는 구운 지 며칠 지난 후에 먹어야 더 맛있다고 하나요? 191
이스트 도넛과 케이크 도넛 – 이스트 도넛과 케이크 도넛은 무엇이 다른가요? 193

PART 05 이럴 때는 어떻게 할까? : 빵을 만들다가 막힐 때 Q&A

강력분과 박력분 구별법 – 강력분과 박력분을 구별 못 하겠어요. 쉽게 구별하는 방법을 알려주세요. 196
드라이이스트의 예비 발효가 잘 되려면 – 드라이이스트를 예비 발효 했는데 팽창하지 않아요. 왜 그런 건가요? 197
이스트 용액에 소금을 넣어 버렸다면 – 실수로 이스트 용액에 소금을 녹여 버렸는데 반죽 발효에 영향이 없나요? 198

끈적거리는 반죽을 잘 뭉치려면 – 반죽을 계속 믹싱해도 끈적거리고 잘 뭉쳐지지 않는데 무엇이 원인인가요? **199**

< 원 포인트 레슨 9 **밀가루의 숙성** > 200

끈적끈적한 반죽을 개선하려면 – 반죽했는데 끈적끈적하고 탄력이 없으면 어떻게 해야 좋을까요? **201**
프랑스빵 반죽에 비타민 C를 넣는 것을 깜박했다면? – 프랑스빵을 구울 때 비타민 C를 넣는 것을 잊어버렸는데 괜찮나요? 또 그럴 때는 어떻게 대처하면 좋을까요? **202**
탈지분유가 덩어리지지 않게 하려면 – 분유를 배합했더니 완성된 반죽 속에 분유가 덩어리로 남아 있었습니다. 어떻게 해야 덩어리지지 않나요? **203**
접은 반죽이 얼어버렸다면 – 접은 반죽을 냉동실에 넣었는데 얼어버렸어요. 이럴 때는 어떻게 해야 하나요? **204**
반죽을 성형하기 쉬운 상태로 만들려면 – 성형할 때 반죽이 잘 늘어나지 않거나 뚝 끊어져 버리곤 하는데 무엇이 잘못된 건가요? **205**
접기형 반죽을 분할할 때 수축을 방지하려면 – 크루아상과 데니시 반죽을 성형할 때 반죽을 얇게 밀어서 분할했더니 반죽이 수축하면서 변형되어 버렸습니다. 어떻게 하면 수축을 막을 수 있나요? **206**
노 펀치로 작업을 이어갈 때는? – 발효 중인 빵 반죽의 펀치를 깜박 잊어버렸는데 어떻게 해야 하나요? **207**
최종 발효를 너무 길게 해버린 반죽은? – 굽기 전에 빵 반죽에 칼집을 넣었더니 오므라들고 말았는데 왜 그런가요? **208**
노릇노릇한 빛깔이 잘 나오게 구우려면 – 빵을 구웠을 때 노릇노릇한 빛깔이 잘 나오지 않고 연한데 왜 그럴까요? **210**
빵을 잘 부풀리려면 – 빵을 오븐에 넣고 구웠는데 생각한 것만큼 부풀지 않았어요. 도대체 무엇이 문제인가요? **211**
빵을 윤기 있게 구우려면 – 구운 빵의 빛깔이 칙칙하고 윤기가 없는데요? **212**
빵을 촉촉하고 부드럽게 구우려면 – 구운 빵이 딱딱하고 퍼석퍼석한 이유는 무엇인가요? **212**
빵의 적절한 굽기 정도를 판단하려면 – 색깔이 충분히 나왔는데도 속은 설익었습니다. 적절한 굽기 정도는 얼마를 기준으로 삼으면 좋을까요? **214**

목차

< 원 포인트 레슨 10 **소감율** > 216

테이블 롤을 잘 구우려면 – 테이블 롤을 구웠는데 빵 바닥이 움푹 들어가고 감긴 부분이 터졌어요. 원인이 무엇인가요? 217
버터 롤의 감긴 선이 선명하게 나오려면 – 버터 롤의 감긴 선이 깔끔하고 선명하게 나오지 않는데 무엇이 문제인가요? 219
식빵의 겉껍질을 얇게 구우려면 – 식빵을 구웠는데 식빵귀가 두껍게 되어버렸어요. 220
대형 빵의 케이빙 현상을 막으려면 – 구운 식빵을 잠시 뒀더니 옆면이 푹 들어갔어요. 이를 방지하려면 어떻게 해야 좋을까요? 221
식빵 모서리가 잘 나오게 구우려면 – 구운 각식빵의 위쪽 모서리가 각지거나 둥그스름해지는 이유는 무엇인가요? 223
접기형 반죽을 잘 구우려면 – 데니시 페이스트리나 크루아상을 구웠을 때 빵이 부풀지 않고 층도 생기지 않는 것은 무엇 때문인가요? 224
프랑스빵 특유의 크럼을 만들려면 – 프랑스빵의 속이 꽉 차서 묵직해져 버렸는데 어떻게 하면 잘 구울 수 있나요? 225
쿠프를 깔끔하게 내려면 – 프랑스빵의 쿠프가 깔끔하게 나오지 않는 이유는 무엇인가요? 228
단과자빵 표면의 주름을 없애려면 – 구운 단과자빵을 잠시 뒀을 때 생기는 표면의 주름을 개선하려면 어떻게 해야 하나요? 229
크림빵의 습기를 줄이려면 – 반죽으로 크림을 싸서 구우니 빵이 설익고 말았는데, 무엇이 문제인가요? 230
카레빵을 터지지 않게 튀기려면 – 카레빵을 튀기는 사이에 이음매 부분이 터져버리는 이유는 무엇인가요? 232
빵을 바삭바삭하게 튀기려면 – 이스트 도넛이 너무 기름지고 끈적끈적해요 233
레이즌 브레드를 폭신하게 구워내려면 – 레이즌 등 건과일을 섞으면 빵이 별로 푹신푹신하게 구워지지 않아요 234
건과일과 반죽의 적절한 균형은 – 적정량의 건과일을 섞은 빵 반죽을 구웠는데, 다 된 빵을 보니 과일이 너무 적게 느껴져요 236

끝맺으며 238
색인 240

PART 01

재료

•발아한 호밀

밀가루 16 / 발효종 31 / 유지·유제품·달걀 48 / 물 60 / 소금·설탕·기타·첨가물 65

밀제품의 보급

왜 밀은 주식으로 사람들의 식생활에 정착되었나요?

밀은 식용에 적합한 곡물이다. 정확하게는 벼과 밀속의 일년초로, 대략 일만 년도 더 된 옛날부터 야생에서 자라고 있었다고 한다. 그러다가 우리 인류의 선조들이 재배하게 되었고, 그 열매를 수확해 죽이나 전병 등을 만들어 먹기 시작한 것이 수천 년 전이다. 그 죽과 전병에서 진화한 것이 오늘날 우리가 먹는 빵, 과자, 면류 등이다.

1992년도 세계 밀 소비량은 무려 6억 톤이 넘는다.(2020년도 기준으로는 약 7억 5940만t이라고 한다. -역자 주) 상상이 쉬이 가지 않는 차원의 숫자인데, 이렇게 밀이 중요하게 소비되고 있는 이유는 무엇일까?

•밀로 만든 다양한 제품. 왼쪽 위부터 스펀지케이크, 비스킷, 빵, 중화면, 스파게티, 우동

첫 번째로 전 세계 사람들의 주식이 되기에 충분한 전분질을 가지고 있기 때문이다. 전분은 사람들의 배를 든든하게 채워주고 체내에서 당분으로 분해되어 우리가 살아가는 데 필요한 에너지원으로 작용하기 때문이다.

두 번째로 밀 특유의 단백질(글리아딘과 글루테닌)에는 2차 가공하기에 무척 편리한 성질이 있기 때문이다. 밀단백질이 물과 결합하면 고무처럼 점탄성이 있는 글루텐이 생성된다. 이 글루텐은 찐득찐득해서 여러 가지 재료를 하나로 뭉쳐준다. 또 탄력이 있어 형태를 어느 정도 자유롭게 바꿀 수 있다. 이러한 성질 덕분에 무수한 식품이 탄생했다.

세 번째로 밀의 강한 생명력을 들 수 있다. 기후와 토양에 대한 순응도가 높아 광범위한 지역에서 쉽게 재배할 수 있다는 점이 오늘날까지 보급되어 온 최대의 이유일지도 모른다. 더운 지방, 추운 지방, 고지대, 저지대 등 어디에서나 재배, 수확되고 있다. 그리고 그 종류는 무려 만 종이나 된다.

이러한 다양한 요인 때문에 밀은 제품화되어 전 세계 사람들에게 없어서는 안 될 먹을거리로 자리 잡았다.

밀가루의 분류

시중에 판매되는 밀가루에는 어떤 종류가 있나요? 또 어떻게 구분해서 쓰면 되나요?

밀가루 제품은 크게 두 가지 방법으로 분류할 수 있다. 하나는 밀가루 속 단백질 함유량의 차이에 따라 단백질이 많은 순서대로 강력분, 중력분, 박력분으로 구별하는 방법이다. 그리고 또 다른 하나는 밀가루 속 회분 비율로 따지는 방법인데, 비율이 낮은 것부터 특등분, 1등분, 2등분, 말분까지 등급을 나누어 구별한다.

다만 이러한 분류는 그 규격 기준을 국가에서 정한 것이 아니라, 제분회사가 사용 목적에 따라 독자적으로 정한 것일 뿐이다.

앞에서 말한 밀가루 속 단백질 함유량의 차이는 종류가 다른 원맥을 혼합해서 조정한다. 이 원맥들은 미국 북부에서 캐나다의 중부에 걸쳐 재배되고 있다. 단백질 함유량이 많은 경질밀은 빵용 강력분으로, 단백질 함유량이 적은 연질밀은 박력분으로 쓰인다.

그리고 등급은 회분(칼슘, 인, 철, 마그네슘 등)이 많을수록 낮고 회분이 적을수록 높다. 이는 제2차 세계대전 후 일본에 본격적으로 빵이 상륙해 전국에 보급되면서 수요가 늘어나던 때에, 껍질과 배아 부분을 완전히 없애고 제분하여 흰색 밀로 만든 새하얀 빵일수록 맛있고 질이 좋다는 인식이 널리 퍼졌기 때문이다. 그렇게 하얀 빵을 만들 수 있는 하얀 밀가루의 가치가 올라가면서 1976~1977년 무렵까지는 제분할 때 표백제(과산화벤조일)를 넣어 밀가루 속의 카로틴 색소를 화학적으로 파괴해 더 하얀 밀가루를 수요자, 소비자에게 제공하기도 했다.

원래 미네랄은 대부분 밀의 껍질 부분(밀기울)에 많이 들어 있다. 그런데 제분 단계 때 껍질과 배아를 제거하고 전분과 단백질이 풍부한 배유 부분만을 추리니 제품의 비율이 떨어져 가루 한 봉지(25㎏)를 만들어 내려면 더 많은 원맥을 제분해야 한다. 그만큼 비용이 들어가므로 고급 가루가 되어버리는 것이다.

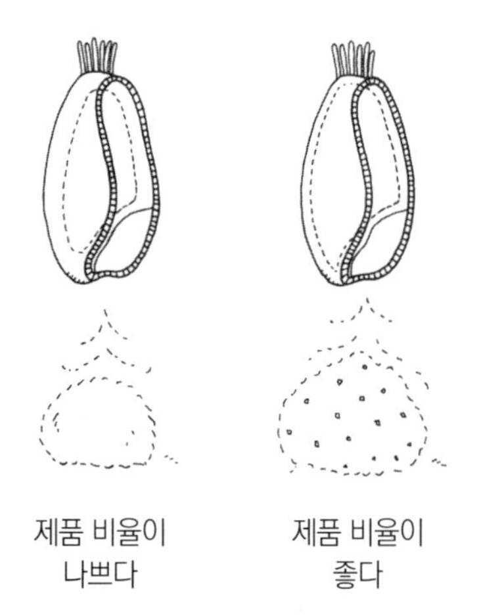

반대로 제품 비율을 올리기 위해 껍질과 가까운 부분의 배유까지 가루로 갈아 버리면 당연히 미네랄이 많으므로 회분의 수치도 올라간다. 단순히 제품 비율이 좋아져서 그만큼 가격이 저렴해진다는 이유로 하급 가루가 되는 것이다.

현재 빵용 밀가루에는 전부 표백제가 들어가지 않는다. 1977년경 제분업계의 자주적인 규제가 있었기 때문이다(우리나라는 1992년 제분업계에서 자율적인 결의로 표백제를 쓰지 않게 되었다고 한다. 역자 주). 그 무렵부터는 일반 소비자들 사이에도 하얀 빵이 무조건 좋은 것은 아니라는 인식이 싹트기 시작했다. 새하얗고 폭신폭신한 식빵 지상주의가 서서히 바뀌어 식사용 린(lean, 저배합) 타입의 딱딱한 빵 등이 일반 시장에 등장하면서 종류가 늘어나게 된 것도 그 결과가 아니었을까.

글리아딘과 글루테닌

왜 밀이 제빵에 적합한가요?

예외도 있지만 보통은 밀가루로 빵을 만드는데, 밀 이외의 가루, 이를테면 보릿가루나 쌀가루로는 빵을 만들 수 없을까? 아니, 물론 얼마든지 만들 수 있다. 하지만 밀가루로 만든 빵처럼 폭신폭신하게 부풀어 오르지는 않는다.

밀 이외에 위와 같은 곡물은 모두 같은 벼과 일년초로 주성분이 전분이다. 그리고 단백질, 회분 등 다른 성분 역시도 무척 유사하다. 하지만 밀은 이러한 곡물에는 없는 독특한 밀단백질을 가지고 있는데, 이것이 폭신폭신한 빵을 만드는 데 중요한 역할을 한다. 이러한 밀단백질을 글리아딘과 글루테닌이라고 부른다.

글리아딘과 글루테닌은 물에 녹지 않고 오히려 물을 흡수하는데, 여기에 물리적인 힘(예컨대 치대고 주

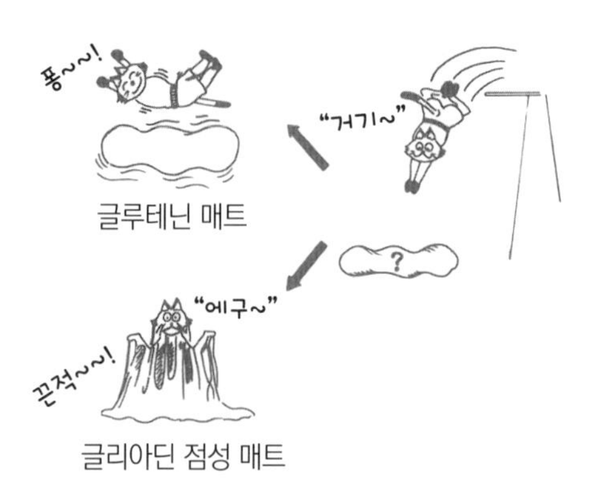

•글루테닌과 글리아딘의 성질

물럭대고 때리고 잡아당기는 등의 힘)을 가하면 점탄성을 가진 글루텐이라는 그물 구조가 형성된다. 이 글루텐은 부풀어 오르는 빵을 만들고자 할 때 빼놓을 수 없는 성분이다.

글리아딘과 글루테닌 모두 다른 곡물에는 들어 있지 않은데, 유일하게 호밀에서 극소량의 글리아딘이 확인된 바 있다. 다만 그렇다고 하더라도 글루텐을 만들어내지는 못한다.

<원 포인트 레슨 1 **단백질**>

우리에게 단백질은 세포를 키우고 합성할 때 절대 빼놓을 수 없는 영양소 중 하나다. 단백질의 종류는 무척 많으며 다양한 식품 속에 들어 있다. 이러한 단백질을 구성하는 것은 아미노산이라고 하는 물질이다. 아미노산은 자연계에 20종류가 존재하는데, 수백에서 수천 개의 아미노산이 각각 조합해 배열된 사슬 모양의 조직이 바로 단백질이다.

약 20종류의 아미노산 중에 8종류는 인간의 생명 유지에 반드시 필요한데(유아기까지는 9종류), 이를 필수 아미노산이라고 한다. 필수 아미노산은 우유, 달걀 등에 균형 있게 들어 있다.

< 원 포인트 레슨 1 >

아미노산은 기본적으로 한 개의 탄소 원자(C)에 아미노기(NH^2), 카르복실기(COOH)와 수소 원자(H^2)가 세 개의 팔로 결합되어 있는데, 이것이 20종류에 달하는 모든 아미노산의 공통적인 기본 형태다. 그리고 나머지 한 개의 손에는 곁사슬(side chains, R)이 이어져 있는데, 그 화합물이 제각기 다르기 때문에 종류가 다른 아미노산이 되는 것이다. 탄소는 4개, 질소(N)는 3개, 산소(O)는 2개, 수소(H)는 1개씩 각각 원자와 손을 잡고 있다.

밀에도 글루테닌과 글리아딘 이외의 단백질이 2~3종류 더 들어 있다. 다만 글루텐을 형성하는 것은 글루테닌과 글리아딘뿐이다.

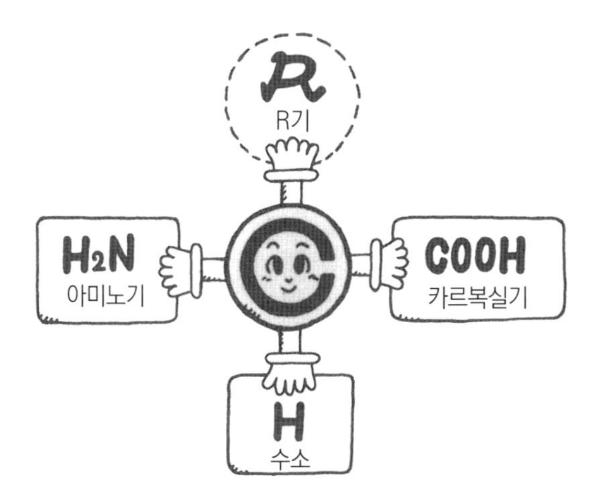

R기에는 약 20종류의 조합이 있다.

•아미노산의 기본 구조

밀단백질이 많이 들어 있는 강력분

<u>왜 제빵에는 강력분이 적합한가요?</u>

강력분은 글자 그대로 강한 힘을 가진 밀가루다. 무엇이 강한가 하면 바로 글루텐의 힘, 즉 점성과 탄력이 풍부하다는 뜻이다. 왜 글루텐의 힘이 강할까? 그 이유는 앞에서도 말했지만, 글루텐의 바탕인 밀단백질이 많고 구성 성분인 글리아딘과 글루테닌의 질이 좋기 때문이다.

이처럼 글루텐의 힘이 강한 밀가루를 사용하는 이유는 빵 반죽의 발효 과정에서 생기는 탄산가스가 반죽 밖으로 빠져나가지 않게 하려면 탄력 있는 글루텐 막이 필요하기 때문이다. 만약 이 막이 느슨하다면 탄산가스가 빠져나가, 폭신폭신하고 기포가 있는 부드러운 빵을 만들 수가 없다. 그래서 상당량의 밀단백질이 필요하다. 그런 이유로 빵을 만들 때는 밀 전체에서 밀단백질이 약 11% 넘게 함유된 강력분이 가장 적합하다.

•밀의 세계 분포도

한국, 일본산 밀의 제빵 적합성

한국, 일본산 밀로도 빵을 만들 수 있나요?

물론 한국, 일본산 밀로도 빵을 만들 수는 있다. 한국, 일본산도 고대부터 밀이 자랐고 그 가공제품 역시 면류를 중심으로 흔히 만들어졌다. 문명이 꽃피면서 그와 더불어 본격적으로 서양의 빵이 한국, 일본산에 소개됐고, 점차 보급되어 가자 미국과 캐나다로부터 제빵에 적합한 좋은 품질의 밀이 들어오기 시작했다. 이 밀은 알이 통통하고 가루를 냈을 때 배유 부분이 풍부하며 밀단백질 함유량도 높았다.

이렇게 한국, 일본산의 제빵은 제2차 세계대전 후에 미국과 캐나다의 우수한 밀과 함께 성장했기 때문에, 어느 시기까지는 단백질 양이 적은 밀은 빵이 잘 부풀어 오르지 않아 제빵에 적합하지 않다고 여겨왔다. 그런데 한국, 일본산 밀의 품질 개량과 본격적인 유러피안 브레드의 보급으로 조금씩이기는 하지만 점점 제빵에 쓰이고 있다. 이는 세계의 다양한 빵과 빵 문화가 소개됨에 따라 빵에 대한 일본 소비자와 생산자의 인식이 '부드럽고 폭신폭신한 것'뿐 아니라 '묵직하고 씹히는 맛이 있는 것'도 많다는 식으로 달라지고 있기 때문이다.

다른 것을 다 떠나서, 더 많은 종류의 빵을 다루게 된 것은 무척 행복한 일이다.

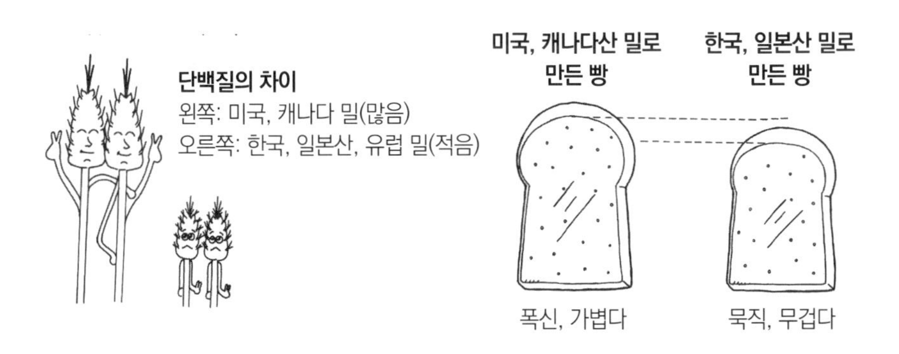

밀 전분의 호화와 고화

반죽은 끈적끈적한데 굽고 나면 어떻게 폭신폭신하고 부드러운 빵이 되나요?

밀가루의 주성분은 전분이다. 반죽이 끈적끈적한 풀처럼 되는 것도, 굽고 나면 폭신폭신하게 부풀어 오른 고체가 되는 것도 바로 전분이 물과 가열에 의해 변화하는 성질이 있기 때문이다.

전분은 밀가루에는 약 70%, 완성된 빵에는 약 40%나 포함되어 있다. 물론 끈적끈적한 빵 반죽 속에도 전분 입자가 무수히 많다. 이 전분 입자는 반죽의 발효 단계에서는 그다지 변하지 않지만, 발효된 반죽이 오븐에 들어가 구워지기 시작하면 서서히 변화가 일어난다. 반죽이 변화하는 과정을 다음 표로 정리해 보았다.

전분을 물과 섞어 가열하면 전분 입자가 물을 빨아들여 팽창한다. 계속해서 가열하면 전분이 호화, 즉 물을 흡수해 끈적끈적한 풀 상태가 된다. 거기서 더 가열하면 이번에는 여분의 수분이 증발하면서 전분 입자가 하얗게 굳는다.

가열에 따른 빵 반죽 속 전분 입자의 변화

반죽 온도	전분 입자의 변화	상태
30℃	생전분의 상태를 유지	빽빽
30~45℃	여전히 변화 없음	빽빽
45~50℃	전분 입자의 수화, 팽윤 시작	통통
50~65℃	계속해서 전분 입자가 수화, 팽윤	통통
60~65℃	전분의 호화 시작, 전분 입자 중에 터지는 것도 나옴	통통
65~80℃	전분의 호화가 격해지며 페이스트 상태가 됨	걸쭉
80~85℃	실질적인 전분의 호화 정지	걸쭉
85~97℃	호화한 전분이 더 가열되면서 수분 증발이 시작되고 전분 입자가 고화해 고체가 됨	폭신폭신

호화는 전분이 가진 가장 큰 특성이다. 이 반응은 생전분을 식용 가능하게 만드는 필수 조건이다. 이것이 α화(알파화, 호화)함으로써 식물 특유의 풋내가 사라지고 거슬거슬한 식감이 부드러워진다. 그런 후 끈적끈적한 페이스트 상태의 호화전분에 열이 가해지고 수분 증발도 같이 이루어지면서 호화전분이 뿌옇고 흐린 스펀지 상태로 변한다. 이를 호화전분의 고화라고 부른다. 이렇게 해서 폭신하고 부드러운 빵이 만들어지는 것이다.

일반적으로 밀 전분의 호화는 55℃부터 시작되어 85℃ 정도에 완전히 끝난다. 그 후에 더 가열하면 전분이 마르기 시작한다. 이를테면 빵의 경우 중심부의 온도를 85℃ 이상에서 약 5분 정도 가열하면 완전히 고화된다. 또 다 구운 빵의 중심부 온도는 보통 96~97℃ 정도다. 물론 전분의 종류에 따라 호화의 시작 온도와 종료 온도에 차이가 있지만, 그렇더라도 그 폭은 밀 전분과 비교했을 때 10℃ 정도다.

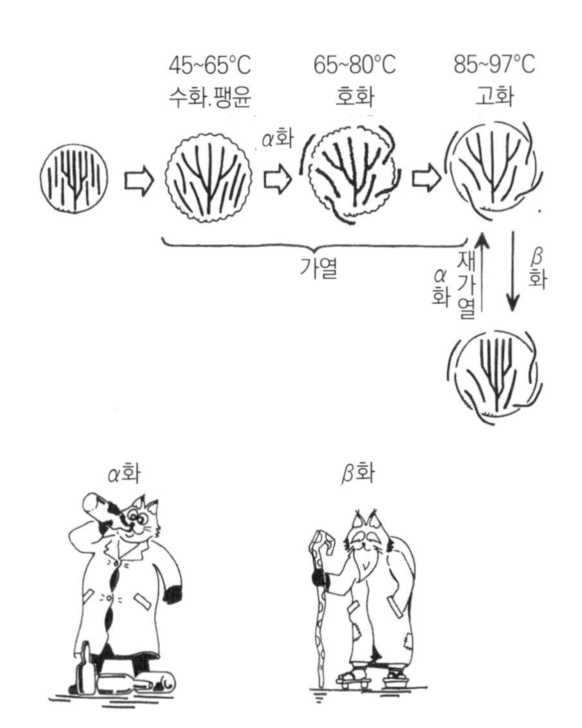

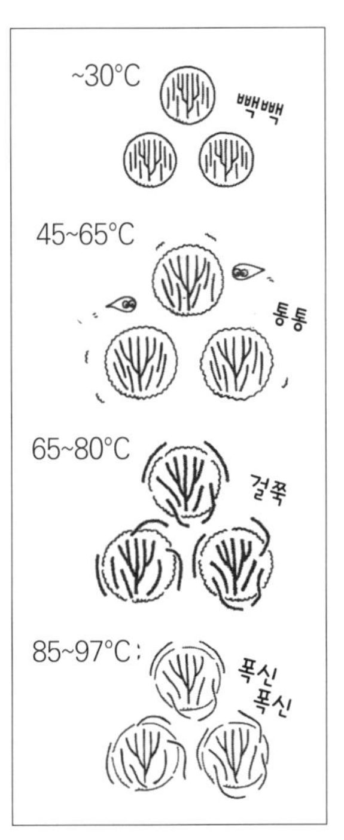

빵 반죽과 빵에서 전분의 역할은 글루텐 조직의 틈새를 메우는 것이다. 집을 지을 때 기둥만 세워서는 안 되듯이 빵 역시 내용물이 있어야 한다. 또 반죽 속의 전분은 물과 열을 가하면서 부드러워지고 폭신폭신 부풀어 오르며 촉촉해진다.

전분의 호화

전분의 고화

<원 포인트 레슨 2 아밀로오스와 아밀로펙틴>

전분은 포도당이 사슬 모양으로 여러 개가 연결된 고분자로, 직선 모양 사슬로 연결된 것을 아밀로오스, 직선 모양 사슬로도 가지 모양 사슬로도 연결된 것을 아밀로펙틴이라고 부른다. 이 아밀로오스와 아밀로펙틴이 미셀 구조(사슬을 구성하는 포도당이 서로 평행하게 배열된 것을 가리킨다. 27쪽 그림 참조)로 하나의 전분 입자를 형성한다. 그 표면에 있는 사슬 형태의 포도당 층이 피부 또는 껍질 역할을 하는데, 이렇게 층을 이루는 현상을 '표면 경화(case hardening)'라고 부른다.

한편 밀가루의 전분 입자 속에는 점성이 약한 아밀로오스와 점성이 강한 아밀로펙틴이 약 1대3의 비율로 들어 있다.

그런데 같은 포도당 분자끼리 이어져 있는데 왜 아밀로오스는 직선 모양 사슬(α-1, 4 결합), 아밀로펙틴은 가지 모양 사슬(α-1, 6 결합)로 나뉠까? 그 이유는 포도당끼리 결합된 부분의 각도 등에 차이가 있기 때문이다.

아밀로오스와 아밀로펙틴은 분자량(하나의 분자를 구성하는 원자 무게의 합과 곱으로 나타낸 것)에서도 차이가 난다. 아밀로오스는 500~2,000개 정도의 포도당(분자량: 약 180)이 직선 모양 사슬로 결합되어 있는데, 총 분자량은 약 수십만에 이른다고 한다. 또 아밀로펙틴은 가지 하나가 20~30개의 포도당으로 구성되어 있는데, 이러한 가지가 수백에 달하는 분기 상태로 결합되어 있고 그 분자량은 약 수백만에 이른다고 한다.

일반적으로 아밀로오스의 비율이 높은 전분은 호화(α화)가 저온에서 시작되며 잘 촉진된다. 다만 그런 만큼 노화도 빨리 일어난다.

< 원 포인트 레슨 2 >

반면 아밀로펙틴의 비율이 높은 전분은 호화가 고온에서 시작되며 잘 촉진되지 않지만 그만큼 전분의 노화(β화)도 느리다.

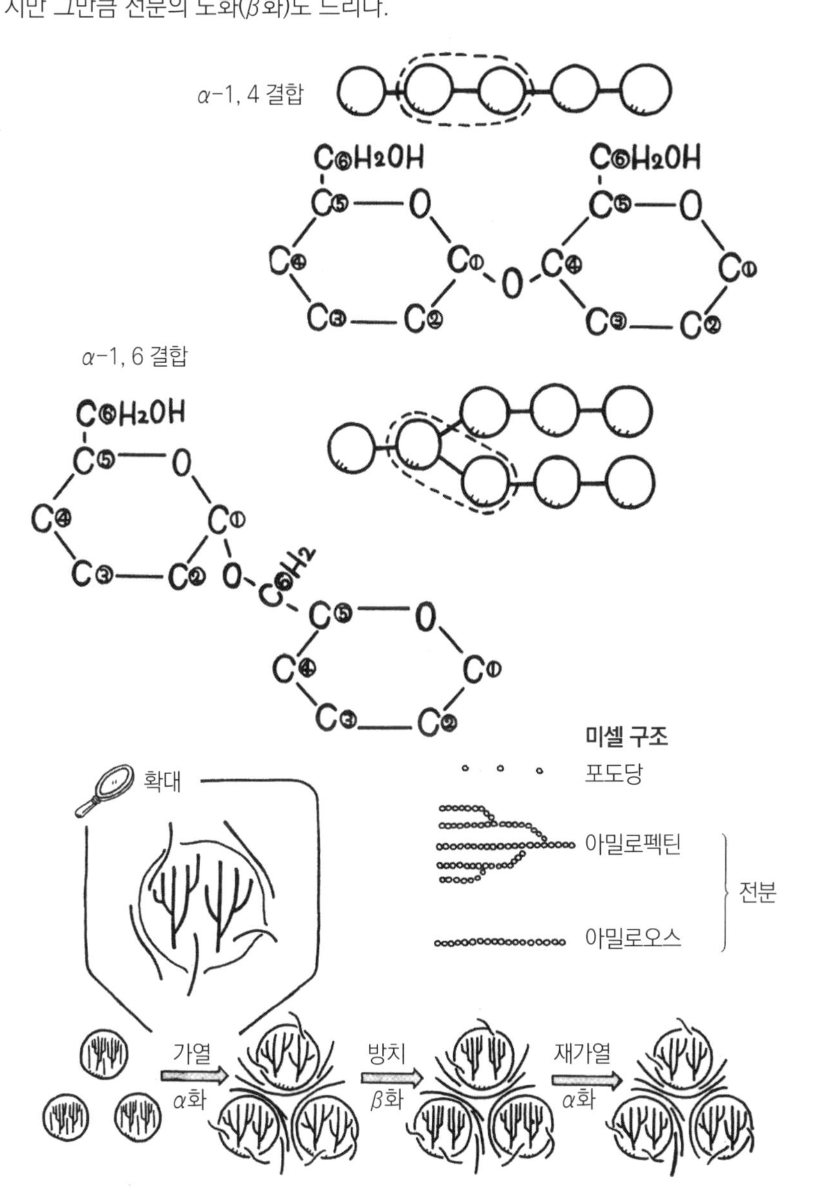

밀알의 구조

밀배아와 전립분은 어떻게 다른가요?

우선 양쪽의 차이를 알아보기 전에 밀알부터 분석해보자.

밀알은 달걀 같은 타원형이고 크기(품종과 질에 따라 다소 차이는 있다)는 단경이 1.5~3.5㎜, 장경이 5.5~7.5㎜ 정도다. 사실은 벼와 같이 겉겨가 감싸고 있는 것이 아니라, 표면이 그대로 껍질을 형성하고 있다. 밀은 껍질, 배유, 배아로 구성된다.

껍질은 '밀기울'이라고도 부르며 딱딱하고 밀 전체 무게의 13%를 차지한다. 그 성분은 섬유질, 단백질, 회분(칼륨, 칼슘, 인, 마그네슘 등)이다.

밀알 전체의 85%에 해당하는 배유는 일반적으로 하얀 밀가루가 되는 부분으로, 전분질과 단백질이 성분의 대부분을 차지하며 회분은 적다.

•밀알의 단면

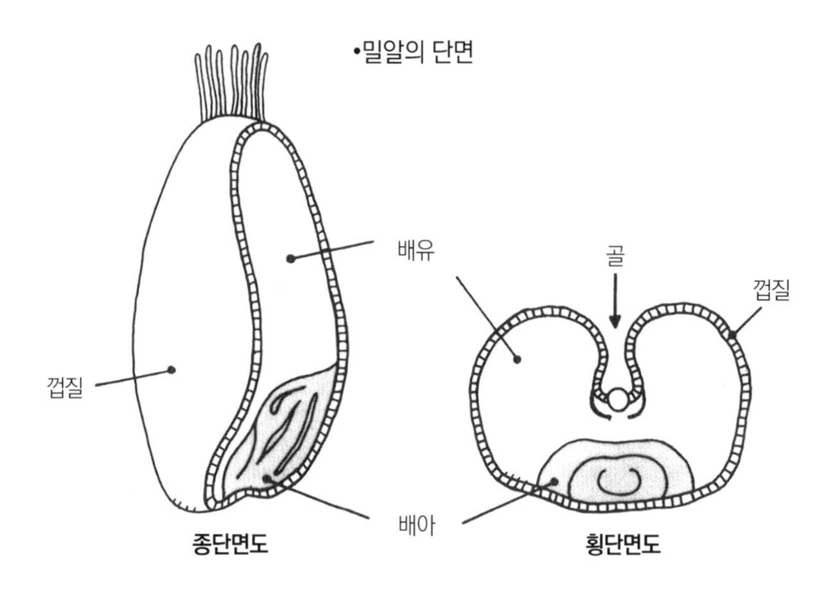

배아 부분은 전체의 2% 정도인데, 비타민 B와 비타민 E가 풍부해서 이 부분을 추출해 다른 식품이나 약품 등에 첨가하여 효과적으로 쓰고 있다.

다시 본론으로 돌아와서, 밀배아(wheat germ)란 정확하게 표현하면 밀의 배아 부분을 모은 것을 말한다. 밀알 전체의 2%에 불과한 배아는 비타민 B1과 비타민 E가 풍부하며 영양가가 몹시 높다. 그래서 일부러 배아 부분만 추출해 빵 반죽에 섞는 것이다. '배아브레드', '배아빵'은 밀의 배아 부분이 들어간 빵이라고 이해하면 된다.

한편 전립분이란 밀알 전체를 굵게 간 가루를 말한다. 즉 껍질, 배유, 배아가 전부 들어 있는 가루로 그레이엄 밀가루(graham flour)라고 하기도 한다. 껍질 부분에 많은 식이섬유는 소화를 돕고 장운동을 활발하게 하는 작용을 한다. '그레이엄브레드'가 바로 전립분을 일부 반죽해 넣은 빵이다.

전립분만으로도 빵을 만들 수 없는 것은 아니다. 하지만 밀기울과 배아 부분의 비율이 높으면 반죽 속 글루텐 조직이 껍질 등 딱딱한 조직으로 분리되기 때문

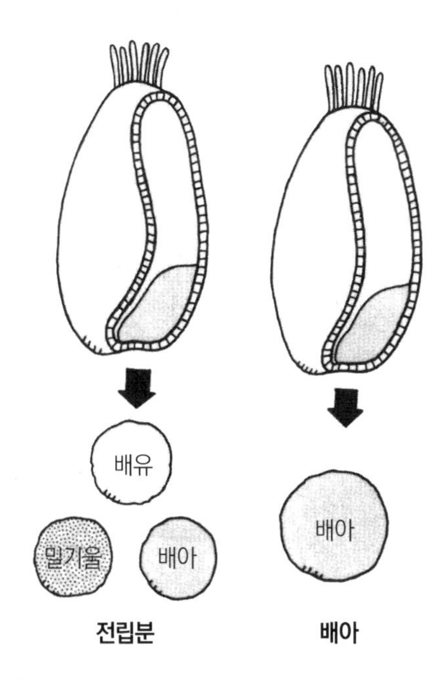

에 가스를 유지하지 못해서 빵이 잘 부풀어 오르지 못한다. 그 결과 고르게 익혀지지 않아 마치 덜 익은 전병 같은 빵이 나오고 만다. 아무리 영양가가 높다고 해도 식품으로서의 가치가 떨어질 가능성이 있어 전립분만으로 만든 빵은 별로 추천하지 않는다.

밀가루의 입도 차이

덧가루로는 왜 강력분이 좋나요?

박력분의 바탕이 되는 원맥은 연질밀이 대부분인 반면 강력분의 바탕이 되는 원맥은 경질밀이다. 연질밀과 경질밀의 차이는 껍질과 배유 부분의 굳기에 있다.

밀을 제분할 때, 연질밀은 가루의 입도(밀알 하나의 크기)가 경질밀보다 가늘고 작아진다. 이는 같은 롤러를 써서 같은 압력으로 밀알을 갈았을 때 연질밀이 경질밀보다 잘 부서진다는 것을 의미한다. 요컨대 박력분이 더 곱고 입도가 작은 가루가 되는 셈이다.

반죽할 때 뿌리는 덧가루로 강력분이 적합한 이유는 입도가 굵은 만큼 거슬거슬하기 때문이다. 덧가루는 반죽이 작업대나 빵을 담는 통에 달라붙지 않게 하려는 목적으로 사용하는 것이므로 거슬거슬한 강력분이 훨씬 편하다. 반대로 박력분은 입도가 가늘기 때문에 그만큼 만졌을 때 촉촉하다. 게다가 공기 중의 습기도 잘 흡수하는 만큼 덩어리지기 쉽고 필요 이상으로 반죽에 흡착되어 버리기 때문에 덧가루용으로는 부적합하다.

덧가루의 양을 최소한으로 줄이는 것이 제빵의 기본이므로, 반죽에 잘 흡수되지 않는 강력분을 딱 필요한 만큼만 사용하는 것이 좋다.

이물질이 섞이는 사고를 막다

밀가루를 촘촘한 체로 걸러주는 이유는 무엇인가요?

반죽에 들어가기 전에 밀가루를 체로 한 번 걸러주는 게 좋은 이유는

① 이물질이 섞이는 것을 막기 위해
② 습기를 흡수해서 덩어리진 가루를 걸러내기 위해
③ 가루에 더 많은 공기를 닿게 하여 수분 흡수를 돕게 하려고

등이 있다.

① 부터 살펴보자. 밀가루가 공장에서 출하된 시점에서는 이물질이 섞일 수가 없지만, 가정 등에서 보관 및 관리할 때 이물질이 섞여 들어가거나 바구미 종류가 부화하는 경우가 있다.
② 는 덩어리진 밀가루가 반죽에 섞이면 믹싱과 반죽 발효 단계에 접어들어서도 덩어리가 녹지 않아 결국 완제품에까지 남아버릴 수 있다.
③ 밀가루는 보통 25㎏씩 봉투에 압축되어 있다. 즉 가루 입자 사이에 빈틈이 없어 수분이 들어가기 쉽지 않은데 공기를 넣어주면 모세관 현상이 촉진된다. 이렇게 수분을 빨리 흡수하게 만들면 각 재료와 가루, 수분이 결합하기

① 밀가루를 체에 거르면...

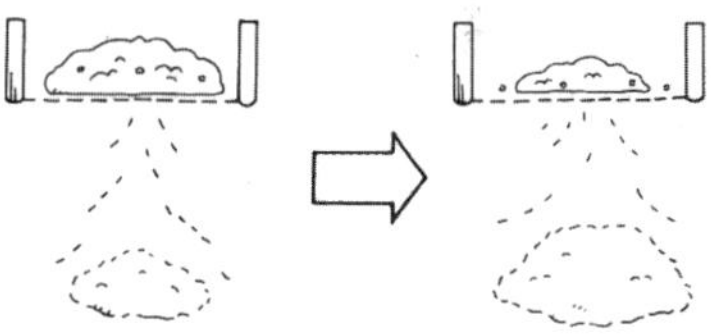

② 모세관 현상이 일어난다

쉬워져 반죽이 빨리 잘 된다. 이런 식으로 반죽의 굳기를 믹싱 초기 단계 때 조절할 수 있다.

이상 몇 가지 이점을 소개했는데, 설령 쓰는 가루를 체에 거르지 않더라도 맛에는 큰 차이가 없다. 단지 백분의 일, 천분의 일의 확률로 일어날 수 있는 사고를 예방하기 위한 작업이라고 생각해주기 바란다. 매일같이 밀가루를 다루는 베이커는 이 작업을 생략하기도 한다. 이는 어디까지나 홈베이킹을 할 때의 이야기다.

이스트의 용도

빵의 종류에 따라 생이스트와 드라이이스트를 구분해 사용하는 이유는 무엇인가요?

현재 시중에 판매되는 생이스트는 빵용으로 적합한 국내산 이스트를 순배양한 것이다. 용도에 폭이 넓어서 어떤 빵 반죽이든 순응한다. 특히 설탕 등이 많이 들어가는 단과자 빵과 스위트 롤 등을 반죽할 때 그 위력을 발휘한다.

•생이스트

생이스트는 인베르타아제(설탕 분해 효소)를 많이 함유하고 있어 인베르타아제 활성이 강하기 때문에 반죽 속의 설탕(자당, 수크로스)이 빠르게 포도당과 과당으로 분해되고 이스트 자체에 영양원이 되어서, 발효력이 촉진된다.

•드라이이스트

또 설탕이 많이 배합된 반죽은 반죽 속의 수분 농도가 높아져서(설탕과 소금이 많이 녹아 있다), 이스트 세포의 세포벽 안과 밖의 수분 농도에 큰 차이가 생긴다. 그 결과 삼투압이 발생하여 이스트로부터 수분이 유출되기 때문에 세포가 파괴된다.

•인스턴트 드라이이스트

하지만 생이스트는 이 삼투압에 대한 내

구성이 우수하기 때문에 빵의 적응 범위가 넓다. 또 생이스트는 저온에서의 내구성도 좋아 냉장 및 냉동 반죽으로도 이용된다.

한편 드라이이스트는 유럽에서 수입된 것이 대부분이다. 그런 의미에서 드라이이스트는 유럽 태생이라고 표현해도 무방하다. 드라이이스트는 원래 생이스트를 건조시킨 입자 상태인데, 프랑스빵(불란서빵)과 같이 린 타입의 딱딱한 빵을 만들 때 흔히 쓰인다. 왜냐하면 드라이이스트는 그 발효 산물인 향미 성분이 좋기 때문이다. 특히 반죽의 발효 단계 때 나는 냄새는 생이스트보다 훨씬 좋다. 또 밀가루가 구워지는 고소한 냄새와 무척 잘 어우러진다는 평가를 받고 있다. 다만 아쉽게도 저자의 후각으로는 반죽 단계에서야 좋은 냄새가 느껴지지만 최종적으로 빵이 나온 단계에서는 그 냄새가 좋은지 잘 모르겠다.

냄새에 큰 차이는 없지만 드라이이스트는 생이스트와 달리 삼투압에 약해서 리치 타입의 반죽에 쓰면 삼투압이 일어나 세포가 파괴되어 반죽의 발효력을 떨어트리므로 그다지 권하지 않는다. 드라이이스트도 인베르타아제와 말타아제(맥아당

분해 효소)를 가지고 있지만, 말타아제 활성이 훨씬 더 우수한 까닭에 설탕을 넣지 않는 린 타입의 반죽에 적합하다.

그밖의 이스트로는 인스턴트 드라이이스트가 있다. 인스턴트 드라이이스트는 갈색 과립형으로 보슬보슬하며, 가루에 섞어 쓸 수 있어서 무척 간편하다. 냄새는 드라이이스트보다 더 좋지 않지만 효소 활성이 좋고 발효력도 우수하다. 인스턴트 드라이이스트에는 무가당 반죽(설탕을 첨가하지 않은 반죽)용과 가당 반죽(설탕을 첨가한 반죽)용으로 두 종류가 있으므로 용도에 맞게 구분해서 쓰면 된다.

이쯤해서 무가당 반죽용 이스트와 가당 반죽용 이스트의 작용에 대해 구체적으로 알아보자. 이를 알면 생이스트와 드라이이스트의 성질이 어떻게 다른지 더 명확해진다. 우선 설탕(자당)이 들어간 반죽(가루대비 2~3% 이상, 국내의 경우에는 5~8%)의 경우에는 가당 반죽용 이스트를 쓴다. 이 이스트는 삼투압에 내성이

있고 인베르타아제 활성이 말타아제 활성을 웃돈다. 인베르타아제 활성이 강하면 반죽 속 설탕을 신속하게 포도당과 과당으로 분해하고 탄산가스를 산출한다. 그 결과 반죽의 팽창도 빨라진다. 그리고 반죽에 설탕이 남아 있는 한 인베르타아제 활성이 유지되며 탄산가스도 계속 만들어진다.

한편, 설탕이 들어가지 않는 반죽에는 무가당 반죽용 이스트를 넣는다. 무가당 반죽용 이스트는 삼투압에 내성이 약하고 말타아제 활성이 인베르타아제 활성을 웃도는 타입이다. 즉 설탕이 들어가지 않는 반죽에는 인베르타아제 활성이 강한 이스트를 아무리 넣어도 돼지 목에 진주목걸이를 걸어주는 꼴이어서, 탄산가스의 산출에는 하나도 도움이 되지 않는다.

설탕(자당)이 없기 때문에 이스트는 반죽 속의 전분을 이스트가 좋아하는 단당류인 포도당으로 분해하여 활동(발효)할 수밖에 없다. 전분이 포도당으로 분해되는 과정을 설명해보면, 먼저 밀가루에 들어 있는 전분 분해 효소 α-아밀라아제와 β-아밀라아제에 의해 전분이 맥아당으로 분해된다. 이당류인 맥아당인 채로 있으면 이스트의 활성에 별로 도움이 되지 않는다. 그래서 이스트가 체내에 있는 맥아당 분해 효소 말타아제를 써서 단당류인 포도당으로 분해하는 것이다. 이스트는 이 포도당을 얻어 발효하고, 그 과정에서 탄산가스가 산출된다. 이처럼 복잡한 과정을 거쳐 발효를 촉진시키기 때문에 비교적 긴 시간이 든다. 린 타입 빵의 발효 시간이 길어지는 이유이기도 하다.

애당초 이스트는 일종의 토착균이기 때문에 지역에 따라 타입이 다르다. 가당 반죽용 이스트는 주로 국내에서 만들며, 무가당 반죽용 이스트는 주로 유럽을 중심으로 번식하고 있다.

원래 가당 반죽용 이스트는 고자당형 또는 내당성 이스트, 무가당 반죽용 이스트는 저자당형 또는 무가당성 이스트로 구분해서 부른다. 다만 여기서는 혼란을 피하기 위해 굳이 그러한 호칭을 쓰지는 않으니 부디 양해해주길 바란다.

< 원 포인트 레슨 3 **이스트** >

이스트는 빵을 만들 때 꼭 필요한 재료라고 말해도 과언이 아닌데 정작 그 정체를 아는 사람은 의외로 많지 않은 것 같다.

생물은 크게 동물, 식물 그리고 균류로 분류되며, 균류는 다시 진핵균류와 원핵균류로 나누어진다. 이스트는 이중에서 진핵균류에 속하는 미생물이다.

이스트는 인간에게 유익한 미생물로, 같은 진핵균류에 속하는 곰팡이류와 친척 같은 관계다. 또 원핵균류의 대표선수인 세균류보다 세포도 큰, 더 고등 생물이라고 할 수 있다.

이스트라고 한마디로 두루뭉술하게 말했지만 사실 이스트는 다종다양해서 실제로는 그 종류가 몇 백에 이른다. 그중에서도 빵과 과자에 가장 적합한 종으로 사카로미세스 세레비시아(Saccharomyces Cerevisiae)가 오늘날 일반적인 빵 효모로 쓰이고 있다. 그밖에도 술효모, 맥주효모 등 용도별로 종을 찾아내 순배양하고 있다.

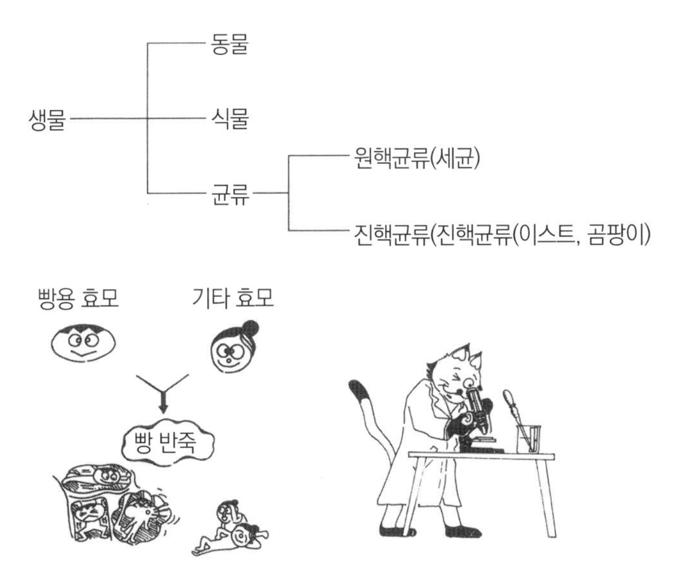

이스트 속의 세포는 육안으로 볼 수 없고 현미경을 써야 할 만큼 작다. 실제로는 원 또는 타원형 구로, 크기는 단경 3~7μ(미크론), 장경 4~14μ 정도이며 하나의 독립된 생명체를 가진 세포다. 즉 우리 인간처럼 무수한 세포가 모여서 하나의 독립된

< 원 포인트 레슨 3 >

생명체를 이루는 것이 아니어서, 이스트 세포가 아무리 모여도 다른 새로운 생명체를 만들어내지는 못한다. 생이스트 1g 속에는 약 100~200억 개의 이스트 세포가 존재한다. 시중에 판매되는 생이스트 1파운드(500g)에는 무려 3~4조 개의 이스트 세포가 응축되어 있다.

이스트 세포의 성분은 약 70%가 수분이고, 나머지 고형분에는 단백질, 탄수화물을 비롯하여 지방, 회분 등이 들어 있다.

•이스트의 세포도

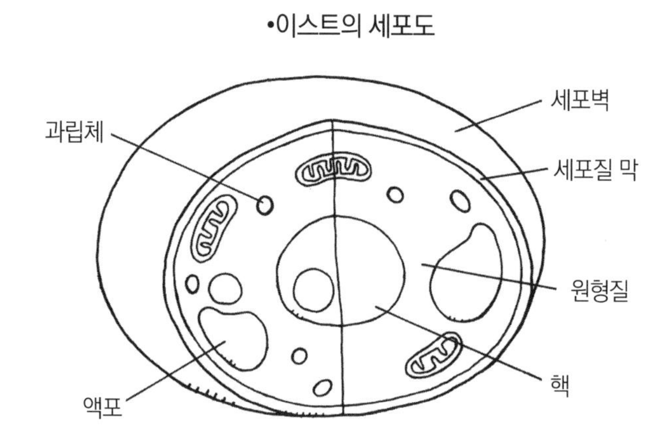

- •세포벽 : 세포의 가장 바깥쪽에 있으며, 세포를 보호하고 영양분을 보급하는 데 중요한 역할을 맡고 있다.
- •세포질 막 : 세포벽을 통해 들어온 물질을 유익한 것과 무익한 것으로 나누어 흡수한다.
- •원형질 : 세포의 생명력 유지에 큰 역할을 차지한다.
- •핵 : 유전자가 있으며, 핵산의 합성이 이루어진다. 세포 분열 할 때는 모세포의 형태와 성질 등을 복제해 딸세포에 전달한다.
- •과립체 : 단백질의 합성과 호흡 기능을 맡았다.
- •액포: 노폐물 등의 저장 탱크. 늙은 세포일수록 크기가 크다.

< 원 포인트 레슨 3 >

〈이스트의 출아와 증식〉

또 이스트의 서식처는 다양해서 도처에서 찾아볼 수 있다. 사과, 포도, 감자 등의 껍질, 시든 풀과 나뭇가지의 표면, 심지어 말똥에도 붙어 있다. 또 남쪽의 열대 지방에서부터 북극 끝까지, 지구의 온갖 곳에 뻗어 있다.

이스트는 산소, 물, 기타 영양분에 의해 증식하며 생을 이어나간다. 산소가 없으면 발효하므로, 반대로 이스트가 발효 없이 증식하려면 산소가 필요하고 산소의 양에 비례해 증식 속도가 빨라진다.

이스트는 출아라는 방법으로 증식한다. 성장한 이스트 세포에서 돌기가 나와 점점 성장하다가 완전히 성숙한 하나의 세포가 되면 분리되는 것이다. 이 경우 원래 세포를 모세포, 분리된 세포를 딸세포라고 부른다.

최적의 환경에서는 출아부터 분리까지 두 시간 반에서 세 시간 정도가 걸린다. 이스트에 가장 좋은 온도는 28~32℃이며, 38℃ 전후를 넘으면 기능이 저하되고 60℃ 이상이 되면 사멸하기 시작한다.

그밖에 이스트에 있어서 빼놓을 수 없는 영양분은 아미노산, 비타민, 무기질이며 극소량만 있다.

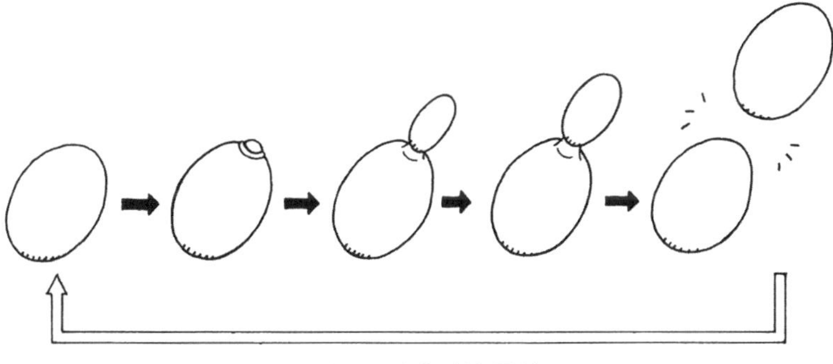

•이스트의 출아와 증식

이스트 용액의 온도

드라이이스트와 생이스트의 이스트 용액 온도가 다른 이유는 뭔가요?

이는 드라이이스트와 생이스트의 제법 차이 때문으로, 이에 따라 이스트를 빵 반죽에 섞는 과정이 달라진다. 과정을 보면서 각 온도의 차이를 자세히 알아보자.

드라이이스트란 생이스트를 만드는 최종 단계 때 뜨거운 바람으로 건조시킨 것이다. 즉 생이스트에 들어 있는 수분의 대부분이 증발한 지름 2~3㎜ 입자 상태의 이스트다.

기술적으로는 생이스트에 쓰는 효모균으로도 만들 수 있지만, 실제로는 빵의 특징을 잘 끌어내기 위해서 드라이이스트를 빈번하게 사용하는 유럽형 린 타입의 딱딱한 빵용 균종을 따로 선정해 드라이이스트를 만들고 있다. 이 드라이이스트를 반죽에 넣을 때는 미리 건조시켰다가 물에 풀어 부드러운 페이스트 상태로 만들어야 한다. 이렇게 하지 않으면 드라이이스트의 입자가 그대로 반죽 속에 남아버리고 말기 때문이다.

먼저 드라이이스트 양의 5~6배 정도인 대략 40℃의 물(이스트 용액)에 건조시킨 이스트 세포를 불려서 활성화시킨다(예비 발효). 그렇게 하면 생이스트를 물에 녹인 것과 같은 상태가 되는데 이것을 반죽할 때 섞는다.

예비 발효를 할 때 40℃ 전후의 물을 쓰는 이유는 이스트 세포가 활성화하기에 가장 좋은 온도이기 때문이다. 약 10~15분 사이에 드라이이스트가 물을 흡수

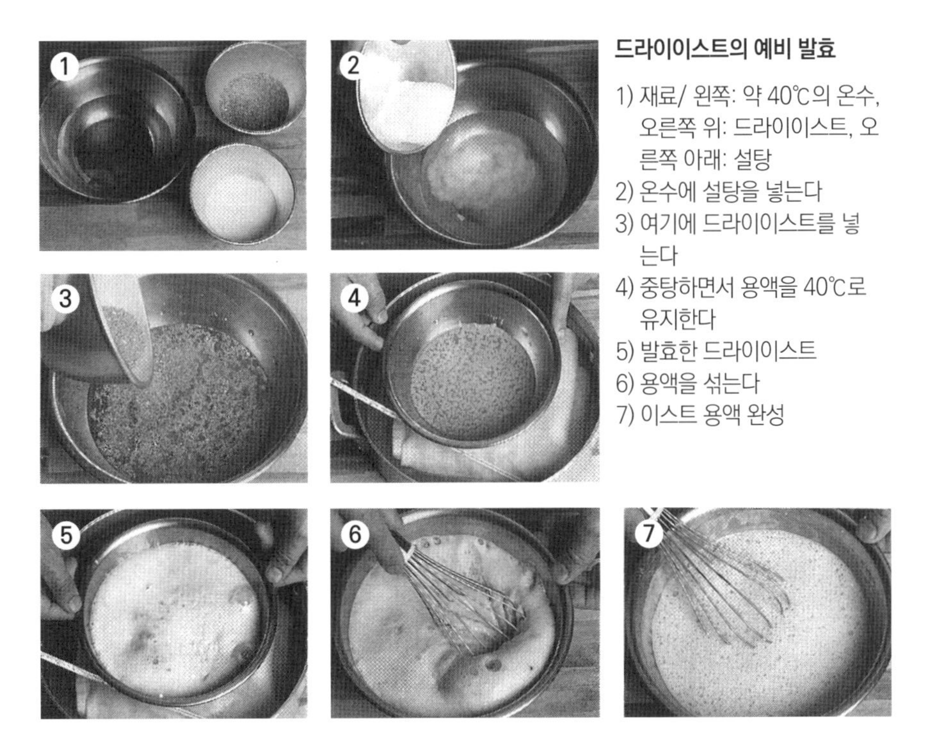

드라이이스트의 예비 발효

1) 재료/ 왼쪽: 약 40℃의 온수, 오른쪽 위: 드라이이스트, 오른쪽 아래: 설탕
2) 온수에 설탕을 넣는다
3) 여기에 드라이이스트를 넣는다
4) 중탕하면서 용액을 40℃로 유지한다
5) 발효한 드라이이스트
6) 용액을 섞는다
7) 이스트 용액 완성

해 발효를 시작한다.

그동안 이스트의 활성이 떨어지지 않도록 발효 용기를 중탕하여 용액 온도를 40℃로 유지시킨다. 단, 이스트 용액은 반죽용 물의 10분의 1에서 12분의 1 정도이기 때문에 반죽의 온도(적정 온도는 20~30℃)에 그리 큰 영향을 미치지는 않는다.

생이스트는 물에 잘 녹아 반죽용 물에 바로 섞인다. 이 물의 온도는 만드는 빵의 종류와 제법에 따라 다소 달라지며, 목표로 하는 반죽의 온도가 높을수록 물의 온도도 높아진다. 일반적으로 반죽 온도는 20~30℃이므로 반죽에 쓰이는 물이 40℃까지 올라가는 것은 혹한기의 공장을 제외하면 좀처럼 없는 일이다.

덧붙이자면 이스트는 45℃를 넘으면 활성이 극단적으로 떨어지기 때문에 실제 사용 수온은 40℃가 상한선이다. 반대로 4℃ 아래로 떨어지면 이스트가 동면 상

•드라이이스트의 예비 발효

태에 들어가서 역시 활성이 떨어진다.

생이스트를 쓸 때는 살아 있는 세포를 직접 반죽에 섞을 수 있으므로 굳이 드라이이스트처럼 미리 온수에 활성화시킬 필요가 없다.

결론을 내리자면 드라이이스트와 생이스트의 용액 온도 차이는 드라이이스트의 예비 발효에 쓰이는 물의 온도가 생이스트를 쓴 반죽에 들어가는 물의 온도보다 높아서 나는 것이다.

이스트 보관법

생이스트, 드라이이스트, 인스턴트 드라이이스트는 각각 어떻게 보관해야 하나요?

생이스트는 말 그대로 살아 있어서 온도, 물, 공기 등에 무척 민감하기 때문에 보

관에 세심한 주의를 기울여야 한다. 보통 생이스트는 파라핀지(왁스 페이퍼)로 밀봉되어 있어 공기에 직접 닿지는 않지만, 개봉 후에 남은 이스트의 표면이 건조하지 않도록 밀폐용기 등에 옮겨 담아 냉장보관 해야 한다. 생이스트는 4℃ 이하가 되면 활동이 둔해지기 때문이다. 생이스트는 수분이 많은 까닭에 온도가 올라가면 활동을 시작해서 자기소화(이스트 내 효소에 의해 이스트 스스로 분해하는 것)해버린다. 다만 냉동은 될 수 있으면 피해주기 바란다. 냉동하면 이스트가 모든 활동을 멈추긴 하지만 얼어버리면서 이스트 내 수분이 얼어 팽창하고 세포를 파괴해 많은 세포가 죽기 때문이다.

보존 가능한 기간은 대략 보름이다. 보름을 넘기면 아무리 냉장고에 넣어두었다고 해도 이스트의 능력 저하를 막을 수 없다. 저온에서도 발효는 조금씩 진행되고 있다. 그러니 생이스트를 여러 봉지 뜯지 말고 반드시 하나씩만 개봉해 다 쓰는 습관을 들이자.

드라이이스트 및 인스턴트 드라이이스트는 보관할 때 공기에 노출되지 않도록 습기가 적고 온도가 낮은 장소에 두기 바란다. 그러면 반년에서 일 년 정도는 이스트의 활성이 떨어지지 않고 충분히 보관 가능하다.

냉동 반죽의 이스트 양

왜 냉동용 반죽에는 이스트를 평소보다 많이 넣나요?

냉동용 빵 반죽에 이스트를 평소보다 많이 배합하는 까닭은 냉동하면 첨가한 이스트의 20~30% 정도가 사멸해서 발효 능력이 떨어지기 때문이다.

보통 이스트는 물에 녹여 사용한다. 첨가량에 따르기도 하지만, 이스트 용액 속에는 수천, 수억에 달하는 이스트 세포가 분산되어 있다. 용액을 섞고 치대는 단계에서 빵 반죽 속에도 이스트 세포가 균등하게 분산되고, 그것들이 활동하며 발효하는 것이다.

빵 반죽은 냉동실이나 급속냉동고에 넣어 냉동한다. 그때의 온도는 -20~-40℃ 정도로, 반죽 속에 분산된 이스트가 완전히 얼어버린다. 보통 이스트는 -40℃일 때 일종의 동면 상태에 들어가고 온도가 올라가면 서서히 잠에서 깨어나 다시 활동을 시작하는데, 문제는 반죽 속에 있는 모든 이스트가 다 부활하지는 못한다는 점이다.

약 20~30% 전후의 이스트는 냉동되면서 사멸해버리는데 그 가장 큰 이유는 이스트 세포 자체에 있다. 이스트 세포는 대략 70% 조금 넘게 수분으로 구성되어 있어서 냉동하면 얼어버린다. 물은 얼면 부피가 커지므로, 이스트 세포막을 찢거나 뚫어버리는 등 이스트에 치명적인 손상을 입히고 마는 것이다.

한편 냉동 반죽은 냉동 내성이 있는 리치 타입의 빵을 만들 때 많이 쓰는데, 여기에 사용하는 이스트로는 생이스트가 가장 적응성이 좋다. 왜냐하면 리치 타입의 반죽에는 설탕, 달걀, 유지 등이 다량으로 들어가는 만큼 가당 반죽용 생이스트가 적합하기 때문이다.

중국에서 탄생한 자연 발효종

노면이란 무엇인가요?

노면(老麵, 묵은 종)은 발효종의 일종으로 중화만두의 피 등을 만들 때 쓰인다. 밀가루에 물을 넣고 치댄 반죽을 이스트 없이 천연 효모나 유산균 등의 작용을 이용하여 자연적으로 발효시켜 만든다. 독일의 호밀빵을 만들 때 쓰는 사워종(발효종)의 중국판이라고 할 수 있다.

자연적으로 발효하는 것이기 때문에 균이 끊이지 않도록 쓸 때마다 늘 소량을 남겨두었다가 다음 날 베이스로 써서 밀가루, 설탕, 기름, 베이킹파우더 등을 넣고 중화만두피를 만든다. 그밖에 중국에서는 찜 카스텔라를 만들 때도 쓴다. 참고로 중국에서 '노(老)'는 '나이를 먹는다', '면(麵)'은 '밀가루'라는 의미가 있다고 한다.

노면법의 발효 원리는 이스트와 같은데, 천연균이 번식할 때 탄산가스가 발생해 반죽을 벌집 모양으로 팽창시킨다. 균이 살아 있는 만큼 반죽의 온도 관리가 중요하다. 25~30℃가 적절하며, 45℃가 넘어가면 그 활성이 격감하고 약 60℃가 되면 사멸해버리고 만다.

또 소량의 노면으로도 잘 부풀기 때문에 들어가는 비용이 적고, 유산균과 아세트산균 등 이스트와는 다른 독특한 향과 풍미를 자아낼 수 있다는 이점이 있다. 반면 버터 등 유지를 많이 가하게 되면 반죽이 무거워져서 잘 팽창하지 않는 단점이 있다.

그렇다면 제빵에서의 노면법이란 무엇을 가리킬까? 현재 쓰고 있는 방법을 간단히 소개하자면 다음과 같다. 다음 날을 위해 이스트를 섞은 린 타입 빵 반죽의 일부를 냉장고에 넣고 하룻밤 저온 발효시킨다. 그리고 다음 날 반죽을 할 때 이것도 발효종으로 넣고 이스트와 함께 치대는 것이다. 이렇게 하면 빵 반죽의 발효력이 좋아져서, 저온 장시간 발효 효과로 인해 향과 풍미가 뛰어난 빵이 탄생한다.

지금은 이처럼 제품화된 이스트를 사용한 제법을 쓰고 있기 때문에 본래의 자연 발효종과 같은 효과는 기대할 수 없다. 엄밀한 의미에서 말하자면 제빵에 있어서 이것은 노면법이라고 말하기 어려울지도 모른다.

천연 효모

천연 효모빵은 왜 맛이 시큼한가요?

천연발효종을 쓴 빵이 시판 이스트를 쓴 빵에 비해 맛이 시큼하게 느껴지는 것은 발효종 속에 이스트를 포함한 유산균, 아세트산균 등 세균류가 많이 번식하고 있기 때문이다. 이 균들의 발효 활동으로 만들어진 유산과 아세트산 등 유기산 때문에 빵 맛이 시큼하게 느껴지는 것이다.

천연 발효빵이란 자연종을 발효원으로 써서 만든 빵을 가리킨다. 이스트든 세균이든 이러한 것들은 살아 있는 생물이지 인공적으로 화학 합성된 것이 아니기 때문에 애당초 천연이라거나 자연이라는 단어 자체가 모순이기는 하지만, 배양 단

•시판 이스트는 단일민족

•천연효모는 복합민족

계에서 공업적으로 특정 균만 순수 배양한 것이 시중에 판매되는 이스트다. 한편 곡물, 채소, 과일을 배지(환경)로 한 불특정 다수의 이스트나 세균류를 잡다하게 배양한 것이 천연 효모로 유럽에서는 구별 없이 '종' 또는 '발효종'이라고 부른다.

천연발효종

<u>채소주스에도 이스트처럼 빵 반죽을 발효시키는 힘이 있나요?</u>

시중에 판매되는 캔 또는 레토르트 팩에 담긴 토마토 주스, 채소주스에는 빵 반죽을 발효시킬 힘이 전혀 없다. 이것을 반죽에 넣으면 단순히 채소 과육, 엑기스, 색소가 첨가될 뿐이다.

다만 천연발효종을 만들 때, 반죽 발효에 필요한 이스트나 세균류를 추출하기 위하여 다양한 채소와 과일, 건조 과일류를 물에 녹여 그 껍질에 붙어 있는 균류를 분리시키는 경우는 있다. 그리고 균류가 번식한 물과 가루를 혼합해서 발효종으로 쓰는 것이다.

이 경우, 채소와 건조 과일이 이스트와 기타 세균류로 반죽 발효 및 팽창에 도움을 주고 있다고 볼 수 있다.

일본주 양조에 쓰이는 발효종

주종팥빵에서 주종이란 무엇인가요?

'주종(酒鍾)'은 원래 일본주 양조에 쓰이는 일본 전통 발효종을 말한다. 하얗게 도정한 멥쌀을 찐 다음 누룩곰팡이를 섞어 공기 중의 이스트와 유산균을 동시에 번식시켜 만든다. 이 주종을 얼마간 숙성시키면 누룩곰팡이가 쌀에 들어 있는 전분을 맥아당과 포도당으로 분해한다. 그리고 이스트가 맥아당과 포도당을 알코올로, 유산균이 유기산으로 분해하는 것이다. 이러한 과정을 거쳐서 감주(아마자케)와 탁주가 만들어지고, 탁주를 거르면 청주가 된다.

주종은 원래부터 화과자인 술빵의 반죽에 쓰였는데, 메이지시대(1867~1912) 초기에 이것을 최초로 빵 반죽에 넣은 것이 현재 긴자의 유명 빵집인 기무라야 본점을 세운 기무라 야스베(木村安兵衛) 씨와 그의 둘째 아들 기무라 히데사부로(木村英三郎) 씨다. 주종을 일으키는 방법과 종을 잇는 방법, 그 보존 방법에는 여러 가지가 있다. 다만 누룩 자체가 아주 섬세한 생물이기 때문에 일반 가정에서는 다루기가 매우 어렵다.

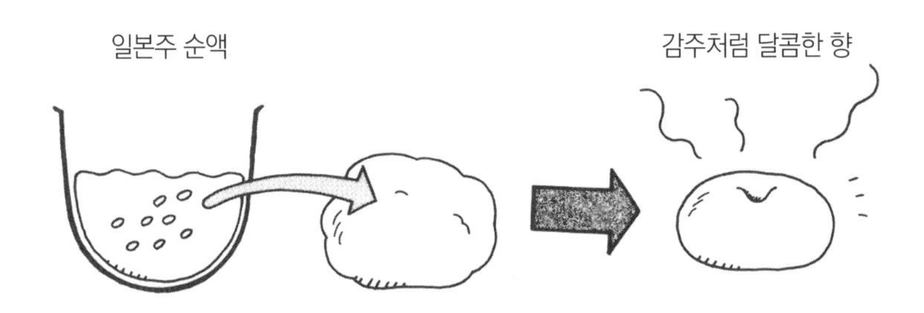

주종팥빵의 탄생

왜 팥빵에 주종을 넣었나요? 또 팥빵을 만들 때 이스트는 병용하지 않아도 되나요?

앞에서도 말했지만 단팥에 주종을 처음 넣은 것은 긴자(銀座)의 유명 빵집 기무라야 본점의 창업주와 2대주 때부터로 알려져 있다. 당시 외국인이 독점했던 베이커리에 대항하여, 일본의 독자적인 빵을 만들 수 없는가라는 발상을 바탕으로 탄생하게 된 것이다.

그러다가 가신 야마오카 텟슈(山岡鉄舟)가 메이지 왕에게 이 팥빵을 바치면서 일본의 국화인 벚꽃 소금절임을 이 주종팥빵의 중앙에 박았다고 한다. 이를 계기로 주종팥빵이 도쿄를 중심으로 크게 유행하게 되면서 사람들 사이에 '긴자 하면 기무라야'라는 말까지 퍼지게 되었다. 이렇게 독자성을 추구한 일본인 제빵사의 의지가 주종팥빵을 탄생시킨 것이다.

주종팥빵은 감주와 비슷한 독특한 향이 나서 일본인들의 마음을 사로잡았다. 이스트를 쓰지 않고 주종만으로 발효시켜야 이러한 풍미를 죽이지 않고 특징 있는 팥빵을 만들 수 있다. 어차피 주종 속에 이스트도 번식해 있기 때문에 이스트가 전혀 없는 것도 아니다.

문제는 이스트의 균수와 활성이다. 공업용으로 순배양한 이스트를 주종 반죽에 첨가하면 발효력이 좋아져 빵이 단시간에 발효하고 반죽의 팽창력도 안정적이다. 반면 발효에 의한 분해산물과 부산물의 내용이 달라져서 전혀 다른 냄새를 풍기는 빵이 되어버릴 가능성도 있다.

그렇기에 주종의 풍미와 향을 빵에 잘 남기고 싶다면 발효 시간이 다소 걸리더라도 꾹 참고, 반죽의 작업성이 나쁘더라도 주종에 들어 있는 이스트의 발효력만으로 반죽을 부풀리는 것이 좋다.

린 타입의 빵과 리치 타입의 빵

린 타입의 빵과 리치 타입의 빵에는 어떤 차이점이 있나요?

쓰는 원료의 차이에 따라 이렇게 구분한다. 린(lean)은 영어로 '간소한', '지방이 없는'이라는 의미이고 리치(rich)는 '풍부한', '흔한'이라는 의미로 빵도 그 의미 그대로 쓰인다.

린한 반죽은 기본적으로 빵을 만들 때 필요한 최소한의 네 가지 재료인 밀가루, 물, 소금, 이스트를 주원료로 한다. 일반적으로 딱딱한 빵, 틀 없이 바로 굽는 빵 등은 반죽 자체가 린한 배합이다. 린이므로 밀가루의 고소한 냄새, 발효하면서 생기는 풍미를 충분히 이끌어낼 수 있다.

이러한 풍미는 미묘해서 다른 개성 강한 부재료(버터, 설탕, 달걀, 유제품 등)를 넣으면 그 부재료들의 맛과 풍미가 고유의 풍미를 이겨버리고 만다. 린 타입의 빵은 부재료를 조금 넣기는 해도 기본 네 가지 재료만으로도 식사용으로 충분히 먹을 수 있다. 향에서 느껴지는 미묘한 짠맛이 있기 때문에 주식빵으로도 좋은 것이

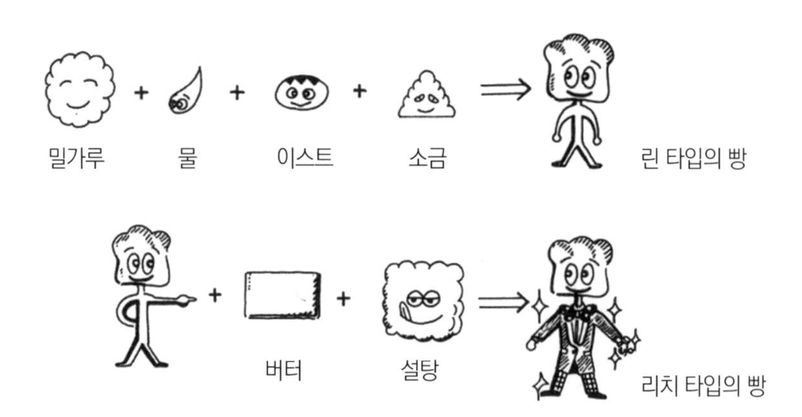

다. 부식물의 맛을 죽이지 않고 잘 살리면서 배도 부르기 때문이다.

한편 리치 타입의 빵은 다양한 종류의 재료를 듬뿍 넣고 구운 빵이다. 대표적으로는 스위트 롤, 브리오슈, 단과자빵 등이 있다. 달고 부드러우며 볼륨감이 있게 구워지는 특징이 있다.

이러한 특징이 있는 이유는 빵을 리치하게 만드는 많은 부재료에 반죽을 부드럽게 만드는 성질이 있기 때문이다. 반면 부재료를 너무 많이 넣어버리면 밀단백질과 물이 결합하는 믹싱 단계 때 층을 만들어서 글루텐끼리 그물처럼 결합하는 것을 막아버리기 때문에 글루텐이 제대로 형성되지 않는다.

또 이스트의 활성을 저하시키는 등의 문제가 발생하기도 한다. 이는 예컨대 달팽이에게 소금을 뿌리면 수분이 빠져나가 몸이 쪼그라드는 원리와 같아서, 반죽 속 용액 농도가 올라감에 따라 삼투압 현상이 일어나 이스트 세포 내 수분이 세포막을 통해 외부로 빠져나가버리고 만다.

이를 방지하는 의미로 리치 타입의 빵은 린 타입의 빵보다 더 오래 강하게 믹싱해서 글루텐 조직을 충분히 만들어낸다. 또 첨가하는 이스트의 양을 늘려서 반죽의 발효력을 뒷받침한다. 이렇게 해서 완성된 반죽은 탄성과 신장성이 풍부하고 탄산가스 발생력도 증폭되어 빵 반죽의 볼륨감이 커진다. 이렇게 완성된 빵은 달고 부드러우며 폭신폭신하다.

유지의 효과

빵을 만들 때 버터 등 유지류는 어떤 역할을 하나요?

유지류를 넣는 가장 큰 목적은 빵에 깊은 맛을 더해 더욱 맛있게 만드는 것에 있다. 버터나 마가린처럼 강한 향과 맛을 가진 유지는 빵에 직접적인 영향을 미친다.

빵에 특징적인 맛과 향을 더하고 싶다면 버터, 마가린, 올리브유 등 개성 강한 유지를 반죽에 배합해 보자. 여기서 반드시 생각해야 하는 것은 만들고자 하는 빵에 적합한 유지 고르기다. 또 다른 재료와 잘 어우러지는지도 고려해야 한다. 유지의 맛, 풍미는 개성이 강할수록 잘 사용하지 못했을 경우 오히려 역효과만 나는 사례도 많다.

또 쇼트닝처럼 완전히 무미 무취한 유지를 첨가하는 경우도 있는데, 이는 유지의 향과 맛이 만들려는 빵에 방해가 되기 때문이다. 향도 맛도 나지 않는데 왜 유지를 첨가하는 것일까? 유지에는 반죽에 맛과 풍미를 더하는 역할만 있는 것이 아니라 신장성(길게 늘어나는 성질)이 좋아지게 만드는 역할도 있기 때문이다.

유지가 균일하게 들어간 반죽은 유지의 가소성(외부의 물리적인 힘에 의해 형태를 자유롭게 바꾸는 성질) 때문에 신장성이 좋아진다. 신장성이 좋은 반죽은 오븐에 넣었을 때 잘 팽창한다. 그러면 반죽에 열이 골고루 가해지면서 결과적으로 폭신폭신 볼륨감 있고 고소한 빵이 나오게 된다.

접기형 반죽에서 유지가 하는 역할

<u>크루아상과 데니시 페이스트리를 구우면 왜 겹이 생기면서 부풀어 오르나요?</u>

크루아상과 데니시 페이스트리에 겹겹이 층이 있는 이유는 오븐 속에서 반죽이 구워질 때 몇 겹씩 접은 반죽과 반죽 사이에 있는 유지가 녹으면서 기름막이 형성되기 때문이다. 게다가 유지 속에 들어 있는 수분이 증발할 때의 수증기압 때문에 위쪽 반죽층이 분리되어 위로 솟아오른다. 그리고 그 반죽은 이스트가 들어간 발효 반죽이므로 당연히 오븐 안에서 팽창한다. 이러한 현상들 때문에 반죽에 겹이 생기면서 부풀어 오르는 것이다.

보통 크루아상과 데니시 페이스트리의 반죽은 3절 접기를 3회 반복하는 것이 기준이다. 이렇게 해야 반죽과 유지층의 두께에 무리가 없고, 다 구워졌을 때 층이 확실하게 생기기 때문이다. 만약 층수를 늘리고 싶다면 3회 중에 한 번을 4절 접기로 하면 되고, 반대로 층수를 줄이고 싶다면 4절 접기를 2회 하면 된다. 접는 횟수를 늘리면 늘릴수록 층은 얇아지지만 횟수가 늘어난 만큼 빵이 더 볼륨 있으며 베어 물었을 때 폭신폭신한 식감을 느낄 수 있다.

이렇게 밀고 접은 반죽은 최종적으로 3~4㎜ 정도의 두께로 늘려서 성형하는

층수 계산식

$Y = a^x+1$

a	x	Y	식
3	3	28	(3^3+1)
4	3	65	(4^3+1)

Y : 반죽의 층수
a : 반죽의 절
x : 반죽을 밀어 접는 횟수
1 : 상수(반죽을 처음에 밀어 접을 때 유지를 끼운 반죽이 위아래 2층이 되기 때문에)

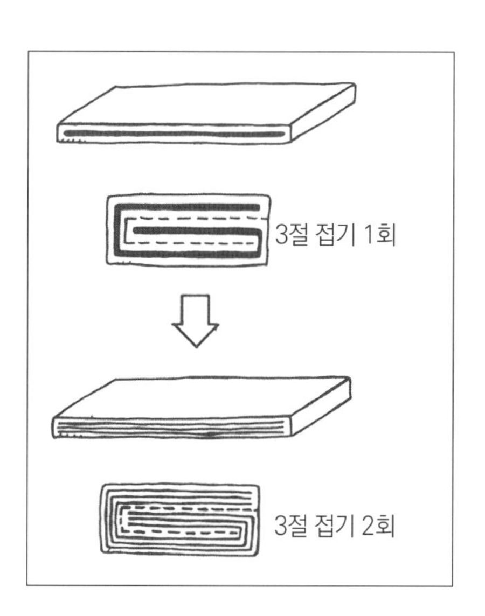

•유지의 작용으로 층이 생겨서 폭신폭신 부풀어 오른 크루아상

데, 반죽층을 50~60층밖에 늘릴 수가 없다. 그보다 더 늘리려고 하면 한 층의 반죽 두께가 0.05㎜(50μ)보다 작아져서 반죽-유지-반죽 층이 너무 얇아지기 때문에, 구울 때 발생하는 수증기압을 견디지 못하고 망가지게 된다. 그리하여 결국 겹을 이루지 못하고 딱 달라붙어 버리는 것이다.

•밀어 접는 순서

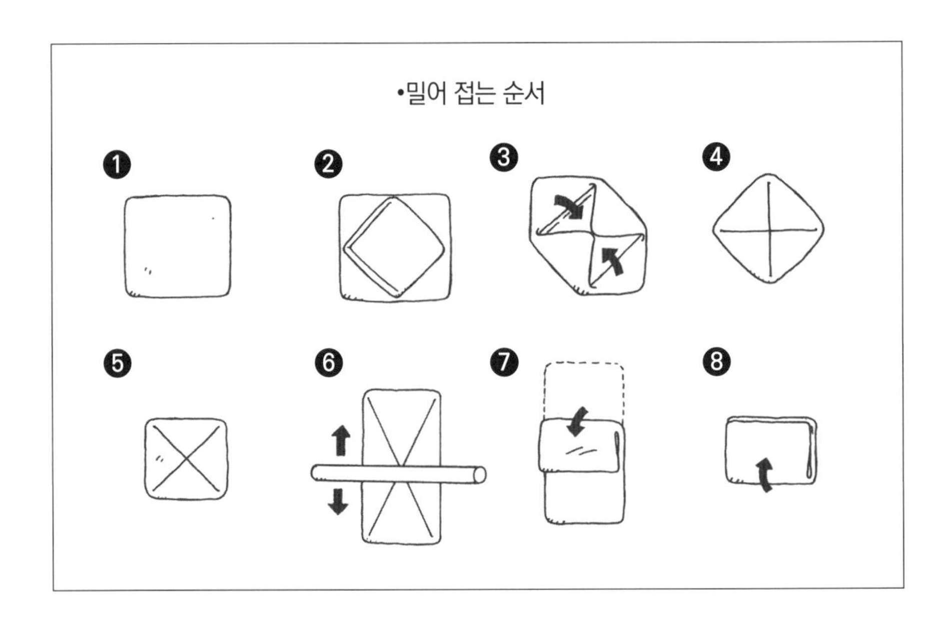

노화를 늦춰주는 유지와 달걀

리치 타입의 빵은 시간이 지나도 린 타입의 빵보다 부드러운데 그 이유가 무엇인가요?

일부 딱딱한 계통의 빵을 제외하면 대부분의 반죽에 버터, 마가린, 쇼트닝 등 유지류가 들어간다. 그중에서도 비교적 유지와 달걀을 많이 넣는 리치 타입의 빵은 경화가 늦게 시작되는 편이다.

빵의 경화란 무엇일까? 빵은 구운 후에 그대로 방치하면 안에 들어 있던 수분이 기체가 되어 날아간다. 이렇게 수분을 잃으면 전분이 노화해서 점점 딱딱해지는데 이를 경화라고 부른다.

유지가 들어간 빵은 이 경화 단계 때 안에 든 유지층 덕분에 수분 증발을 어느 정도 막을 수 있다. 또 유지 자체에 들어 있는 인지질이 반죽 속의 자유수(분자 그대로 반죽 속에 들어 있는 물)를 유화(물과 기름이 작은 분자 수준으로 섞이는 것)한다. 유화에는 유중수적(W/O)형과 수중유적(O/W)형이 있다. 여기서 일어나는 유화는 유중수적형으로, 기름막이 물 분자를 감싸면서 빵의 수분 증발을 막는다. 그래서 유지를 비교적 많이 쓴 리치 타입의 빵은 빵 속 수분을 유지할 수 있어 전분의 노화, 나아가 빵 자체의 경화까지 늦출 수 있다.

이 과정에서 절대 잊어서는 안 되는 것이 바로 달걀의 작용이다. 달걀노른자에 들어 있는 레시틴(유화제)의 유화 작용으로 반죽 속의 유지와 따로 떨어져 있

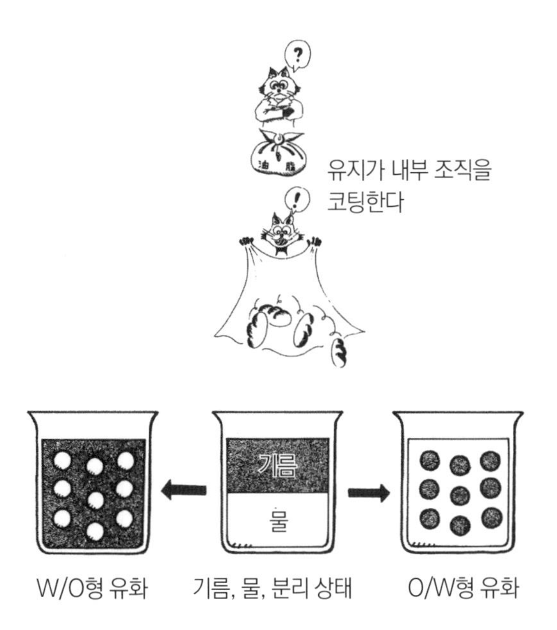

는 물을 작은 분자로 만들어 확산시켜서, 유지의 분자층 속으로 끌어들이는 중개 역할을 하는 것이다.

달걀노른자의 유화 작용은 그밖에 노화를 늦추는 역할도 한다. 오븐으로 빵을 구울 때 반죽 속의 전분이 팽윤, 호화하면서 전분 입자에서 아밀로오스가 나오게 된다. 이 아밀로오스와 달걀노른자의 레시틴이 반응해 일종의 겔(고무 같은 물질)을 생성한다. 이 물질이 구워진 빵 속의 전분 입자 주위에 붙어 전분 입자를 보호한다. 그 결과 전분 입자 자체의 노화를 늦추는 것이다.

다만 여기서 쓴 전분의 '노화'라는 전문용어가 꼭 적절한 표현이라고 생각하지는 않는다.

※전분의 노화 : 여기서는 한 번 가열하면서 팽윤하여 α화한 전분 입자가 냉각에 의해 생전분에 가까운 상태로 돌아가는 β화를 가리킨다.

버터와 쇼트닝의 차이

버터를 쓴 빵과 쇼트닝을 쓴 빵은 구웠을 때 어떤 차이가 있나요?

빵을 만들 때 버터를 쓰느냐 쇼트닝을 쓰느냐에 따라 나온 빵의 풍미와 맛, 크럼(속살)의 빛깔에 차이가 생긴다. 쇼트닝은 제조 과정에서 탈취 및 탈색되기 때문에 기본적으로 희고 무미무취의 특징을 띠는 지방으로, 빵에 주는 영향이 거의 없고

상남자 스타일의 버터

담백한 훈남 스타일의 쇼트닝

다소 기름지다고 느끼는 정도다.

한편 버터는 우유가 바탕이 되기 때문에 빵 반죽에 넣으면 유당과 유지방, 색소가 직접적으로 맛과 풍미와 색깔에 영향을 준다. 물론 쇼트닝이든 버터든 첨가량에 따라 빵에 미치는 영향은 다르다.

둘 다 고형 지방으로, 첨가량과 제법의 차이에 따라 처음 믹싱할 때 넣거나 도중에 넣거나 또는 2~3회에 걸쳐 넣기는 하지만 사용방법에는 차이가 없다.

그런데 왜 이것들을 구분해서 쓰는 것일까? 만약 빵에 버터 특유의 풍미와 맛이 나길 바란다면 버터를 사용한다. 반대로 반죽에 신장성이 있길 바라면서도 버터나 마가린의 맛과 풍미가 빵 맛을 방해하는 것이 싫다면 쇼트닝을 쓴다.

유제품의 효과

빵을 만들 때 우유 등 유제품은 무슨 역할을 하나요?

옛날에 빵 맛을 좋게 하기 위해서 반죽할 때 물 대신 우유를 넣었던 것이 그 시작이라고 한다. 오늘날에도 우유를 비롯하여 탈지분유, 전지분유, 연유 등의 유제품이 빵 반죽에 들어간다.

이러한 유제품의 효과는 첫째, 유당에 의해 빵의 껍질 색이 개선된다. 유당 속 당질의 캐러멜화와 메일라드 반응으로 생기는 갈색 색소가 빵의 표면이 구워지면서 더 노릇노릇 선명한 갈색 빛깔을 띠게 되는 것이다.

둘째, 고형분(유당, 유지방, 단백질 등)을 가열하면서 생기는 화합물이 풍기는 달콤한 향과 풍미이다. 이는 우리가 흔히 말하는 우유향료, 유취로 이어진다.

실제로 빵을 만들 때 껍질 색이 개선되는 것만 추구한다면 유제품을 적게 첨가해도 되지만, 빵의 풍미와 맛이 좋아지는 것까지 바란다면 어느 정도는 넣어야 할 필요가 있다.

그렇다면 얼마나 첨가해야 좋을까? 여러 제빵사와 관능평가를 한 결과, 사람의 미각으로 확실히 인식할 수 있는 밀가루 대비 첨가량은 다음과 같다.

① 시판 우유의 경우 들어가는 물과 같은 양
② 탈지분유나 전지분유의 경우 약 6~7%
③ 가당연유의 경우 5% 전후다.

이 숫자들의 한 가지 공통점은 각 유제품의 고형분 무게가 같다는 사실이다. 원래 우유(전유)의 약 10%가 고형분(단백질, 유지방, 유당 등)이며, 이러한 고형분이 빵의 맛과 풍미에 영향을 준다.

그래서 유제품을 빵 반죽에 첨가할 경우 항상 그 속에 든 고형분의 무게가 문제가 된다. 다시 말해서 우유를 밀가루 대비 70% 만큼 썼다고 할 때, 약 7%가 고형분이고 나머지는 전부 수분이다. 따라서 밀가루 대비 전지분유 7%, 물 63%를 사용하는 것이나 마찬가지인 셈이다.

유제품을 쓸 때 수분량의 차이

<u>우유나 분유를 넣으면 반죽이 쪼그라드는 이유가 뭔가요?</u>

빵을 만들 때 물 대신 우유나 분유를 넣으면 반죽이 쪼그라드는 현상은 단순히 반죽의 수분량 부족 때문인 경우가 많다. 앞에서 말했듯이 우유의 약 10%는 고형분(유당, 유지방, 단백질 등)이므로, 같은 부피라도 물과 우유는 수분량이 같지 않은 것이다. 단순히 우유를 물로 치환해서 배합할 경우 예정했던 수분량보다 10%가 조금 넘는 분량의 우유를 써야 한다.

또 분유를 배합한 반죽과 배합하지 않은 반죽은 같은 수분량이라도 반죽의 굳기가 확연히 다르다. 분유가 들어간 반죽이 더 딱딱한데, 건조한 분유가 반죽 속 수분을 흡수하기 때문이다. 그래서 분유를 배합할 때는 수분량을 좀 더 늘려야 한다. 그 기준 중에 하나는 수분을 분유의 절반 정도 추가하는 방법이다.

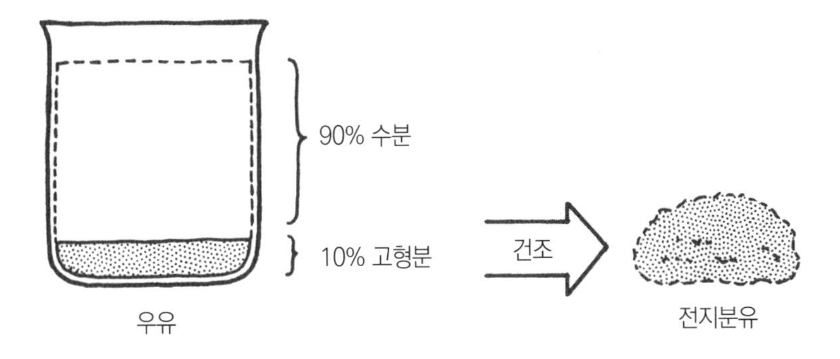

원유와 시판 우유

우유를 반죽에 섞을 때 왜 한 번 끓였다가 식힌 것을 사용하나요?

생우유를 빵 반죽에 넣으면 반죽이 끈적끈적해진다는 말이 오래 전부터 있어왔지만 현재 판매되는 우유에는 해당사항이 없다. 설령 조금이나마 작용을 했다고 하더라도 빵에 그리 큰 영향은 미치지 않는다.

이론적으로 분석해 봐도 시중에 판매되는 우유 자체는 가열에 의한 살균 처리가 되어 있기 때문에 원유에 들어 있는 온갖 잡균(낙산균, 가스 발생균, 알칼리 생성균, 펩톤화균 등)은 대부분 사멸되고, 비교적 열에 강한 유산균도 거의 멸균된다. 그리고 단백질 분해 효소(프로테아제)도 가열에 의해 불활성화 되어 빵 반죽에 영향을 미치지 않는다. 그래서 재가열을 하지 않아도 발효 활동을 방해할 위험이 없다.

만약 갓 짠 소의 원유를 쓸 경우에는 반드시 한 번 끓여 균류를 사멸시킨 다음에 써야 한다.

탈지분유의 이점

빵 반죽에 우유보다 탈지분유를 넣는 경우가 많은 이유는 무엇인가요?

특별한 이유는 없다. 우유를 써도 상관없는데, 분유를 더 많이 쓰는 것은 그만큼 실용적으로 이점이 많기 때문이다. 무엇보다도

① 더 싸고
② 밀가루에 바로 섞을 수 있고 양도 적게 들어가며
③ 더 간편하고
④ 보존 기간이 길고 자리를 많이 차지하지 않으며
⑤ 냉장 보관하지 않아도 되는

등의 이유가 있다.

다만 공기 중의 습기를 바로 빨아들여 덩어리지기 쉬운 단점이 있다. 그렇기에 분유는 웬만하면 냉동실 등 습기를 제거할 수 있는 곳에 보관하는 것이 좋다. 또 분유를 쓸 경우 첨가량을 잘 조절해야 한다. 기준은 우유의 대략 10% 정도로 기억하면 편하다.

달걀흰자의 열변성

브리오슈 특유의 풍미를 죽이지 않으면서 가볍게 구워내려면 어떻게 해야 하나요?

만약 빵 반죽에 달걀을 넣을 계획이라면 흰자를 빼고 노른자만 쓰기 바란다. 달걀흰자는 90%가 수분이고 나머지도 대부분 수용성 단백질이다. 제과는 달걀흰자의 기포성에 의지하는 부분이 많지만, 제빵은 그렇지 않다. 극단적인 이야기일지도 모르지만 빵에는 달걀흰자도, 그 속에 있는 단백질도 별로 필요하지 않다. 오히려

흰자가 많이 들어간 빵은 그 속에 포함된 단백질(주로 열 변화에 민감한 오브알부민)이 열에 의해 응고되기 때문에 구웠을 때 식감이 푸석푸석해진다.

브리오슈는 가루 대비 50%에 가깝게 달걀(전란)을 배합하는데, 브리오슈 반죽에 같은 개수의 달걀노른자를 쓰고 나머지 흰자 대신 같은 양의 물을 넣으면 푹신푹신하고 가벼운 브리오슈를 만들 수 있다.

•달걀의 일반 조직도

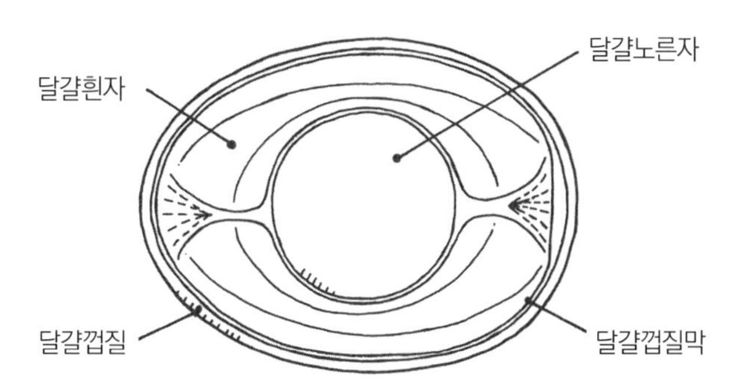

달걀의 성분(일본의 식품성분표 2015년판)

	수분	단백질	지질	당질	회분
전란	76.1	12.3	10.3	0.3	1.0
달걀흰자	88.4	10.5	극소량	0.4	0.7
달걀노른자	48.2	16.5	33.5	0.1	1.7

적절한 반죽 물 온도

반죽할 때 왜 물 온도를 올리기도 하고 내리기도 하나요?

반죽할 때 물의 온도를 조절하면 완성된 반죽의 온도를 조절할 수 있어 이스트의 활성을 도울 수 있기 때문이다. 각각의 상황과 상태, 빵의 종류에 따라 반죽 발효에 가장 적절한 온도가 있는 만큼 그에 맞게 수온을 조절한다.

보통 반죽 온도는 20~30℃의 범위에 있으면 되는데, 예컨대 20℃의 반죽과 30℃의 반죽은 들어가는 물의 온도가 다르다.

일반적으로 여름철에는 실내 온도가 높아서 가루의 온도도 덩달아 올라가므로 온도가 낮은 물을 사용한다.

0℃에 가까운 얼음물을 써도 반죽 온도가 목표 온도보다 높다면 반죽에 들어가는 나머지 재료(밀가루, 유지, 달걀 등)를 식힌다거나 믹싱 볼 주위를 얼음물로 차갑게 해서 반죽 온도를 조절해야 한다.

반대로 겨울철에는 실내 온도가 내려가므로 밀가루의 온도도 낮아지는 만큼 따뜻한 물을 쓴다. 하지만 100℃에 가깝게 펄펄 끓는 물을 쓰는 것은 곤란하다. 이스트는 45℃가 넘어가면 사멸하기 때문이다. 한편 이스트 활성이 가장 활발한 38℃ 정도의 물을 썼는데도 목표 온도에 도달하지 못한다면 중탕으로 믹싱 볼을 따뜻하게 데워 반죽 온도를 조절하면 된다.

반죽 물의 온도를 구하는 방정식

반죽 물의 온도는 어떤 식으로 정하면 되나요?

반죽 물의 온도를 정하는 기준으로, 널리 일반적으로 쓰이는 방정식이 있다.

믹서를 써서 반죽할 경우 밀가루의 온도와 물 온도, 실내 온도의 합을 3으로 나눈 다음 마찰에 의한 반죽 온도 상승분(통상적으로 6~7℃)을 더하는 것이다.

이 방정식이 ①이고, 여기에 변화를 줘서 수온을 도출하는 것이 ② 방정식이다. 즉 밀가루 온도와 실내 온도를 알면 목표로 하는 반죽 온도에 맞춘 수온이 얼마인지 대체로 파악할 수 있다.

빵 반죽의 주원료는 밀가루와 물로 전체의 약 70~90%를 차지한다. 그래서 밀가루와 물의 온도가 반죽 온도에 큰 영향을 미친다. 거기에 실내 온도(믹싱 볼 온도라고 생각하면 됨)를 더한 것이 반죽 온도를 결정짓는 3대 요소다. 이것들을 알면 반죽 온도를 대략적으로 예상할 수 있다. 반대로 반죽 온도를 미리 설정하면 반죽 물의 온도를 도출하는 것이 가능하다.

이를 집약한 것이 다음에 있는 방정식이다.

$$Do = \frac{Wt+Ft+Rt}{3} + FF \quad \cdots\cdots ①$$

$$Wt = 3(Do-FF)-(Ft+Rt) \quad \cdots ②$$

Wt.(Water Temperature) : 수온
Do.(Dough Temperature) : 반죽 온도(예정)
Ft.(Flour Temperature) : 가루 온도
Rt.(Room Temperature) : 실내 온도
FF.(Friction Factor) : 마찰계수(6~7℃)

수분량의 차이에 따른 반죽 상태

반죽의 굳기와 완성된 제품의 상태에는 어떤 관계가 있나요?

여기서 말하는 전체 수분량은 반죽에 들어가는 물뿐 아니라 모든 재료에 함유된 수분의 총량이다. 린 타입의 반죽은 밀가루가 대부분이기 때문에 밀가루 대비 반죽에 들어가는 물의 양으로 대략적인 반죽의 굳기와 제품 상태를 예상할 수 있고 반죽 자체가 비교적 단단해서 판단하기 쉬운 반면, 리치 타입의 반죽은 기본 재료 이외에도 많은 부재료가 배합되기 때문에 복잡한 편이다.

그중에는 반죽을 부드럽게 만드는 성질이 있는 것, 단단하게 만드는 성질이 있는 것이 있다. 이를테면 유지, 유제품, 설탕, 달걀 등은 많이 넣으면 반죽이 부드러워지는데, 이렇게 물 이외에 수분을 함유한 재료가 섞이면 반죽 상태를 판단하기가 어려워지므로 주의가 필요하다.

물을 제외한 재료의 수분 함유량

재료명	수분 함유량(%)	재료명	수분 함유량(%)
버터	15%	전란	70%
쇼트닝	0%	달걀노른자	50%
탈지·전지분유	2~3%	달걀흰자	88%
우유	90%	생이스트	80%
생크림	50%	밀가루	15%

여기서 반죽의 굳기를 예상할 수 있는 트레이닝법을 알아보자. 강력 특급분 100%에 대해 물의 비율을 60%, 65%, 70%씩 설정한다. 각각에 소금 2%와 생이스트 2%를 첨가하고 저속으로 2분, 중속으로 5분 정도 믹싱한다. 그 반죽들의 상태, 특히 굳기를 잘 기억해두기 바란다.

수분량의 차이에 따른 반죽 및 제품 상태의 변화

흡수 변화	반죽의 상태		제품의 상태		
	픽업 단계(저속 2분)	클린업 단계(중속 5분)	굳기	식감	겉껍질
흡수 60%인 반죽	가루기의 비율이 높아 믹싱 볼 바닥에 가루가 남아 있어서 반죽 한 덩이가 나올 때까지 시간이 좀 걸린다.	반죽 표면이 비교적 부드럽고, 반죽의 굳기는 언뜻 봐서 확인할 수 있다. 글루텐 막도 무척 두껍고 잘 찢어진다.	단단함	강함	두꺼움
흡수 65%인 반죽	가루기가 물기를 흡수해서 반죽이 제일 빨리 된다.	부드럽고 매끈한 반죽으로, 표면에 광택이 난다.			
흡수 70%인 반죽	물기의 비율이 더 높아 가루기의 흡수가 빠르고 반죽도 빨리 된다.	부드러운 반죽이기는 하나 이 단계에서는 반죽의 표면에 물이 떠 있는 상태로 클린업 단계가 완료되지는 않았다.	부드러움	약함	얇음

조건

- 사용 믹서 : 수직형 믹서, 30ℓ 용량인 병을 사용
- 믹싱 : 저속 2분, 중속 5분
- 기어 회전수 : 저속 85rpm, 중속 150rpm
- 준비 용량: 2㎏(직접 반죽법)

제빵에 적합한 약산성 물

알칼리성이 강한 물은 왜 밀가루 반죽에 적합하지 않나요?

빵 반죽은 대부분 pH(페하)7인 중성에서 pH5 정도의 약산성 사이에 있다. 알칼리성은 일단 없다고 봐야 한다. 많은 제빵 원료가 중성에서 약산성의 범위에 있고, 이스트의 알코올 발효 과정에서 나오는 유기산(식초 같은 물질)이 약산성이라는 이유도 있어서다.

따라서 자연의 섭리에 따라 약산성인 빵 반죽에 알칼리성 물을 넣으면 반죽의 발효와 팽창에 직접적으로 악영향을 미치게 된다. 이스트는 약산성인 환경에서 최

대 활성을 보이기 때문이다.

예컨대 알칼리성이 강한 물로 빵을 반죽해 전체적으로 약알칼리성을 띠게 되면 이스트의 활성이 점점 떨어지고 반죽 속 당질을 분해·소화시켜 부산물로 탄산가스를 생성하는 발효 시스템 자체가 제대로 기능하지 못한다. 탄산가스가 충분히 만들어지지 않으면 반죽도 잘 부풀어 오르지 않는다.

보통 일반적인 수돗물은 염소 처리로 세균을 포함한 미생물류를 멸균하기 때문에 물의 pH는 약산성(pH6.3 전후)이다.

약산성 물은 이스트가 활동하기 좋은 환경으로, 산성이 강해지면 빵 반죽 속의 글루텐 조직이 이완하면서 반죽이 살짝 풀어진다. 다만 이러한 현상은 아주 미묘한 수준에 불과하기 때문에 실제로 리테일 베이커리(빵을 직접 만들어 파는 소규모 제과점)에서 빵을 만들 때 큰 영향은 없다. 산이 작용하면서 글루텐이 이완되는 것은 사실이지만, 수소 이온 농도(pH 항목 참조)에서 10배 정도의 차이(빵 반죽의 수소 이온 농도가 올라가 pH7에서 pH6으로 바뀔 만큼 강한 산의 작용)가 있지 않은 한 눈에 띄는 차이는 발생하지 않는다.

< 원 포인트 레슨 3 **pH** >

pH를 산성도라고 해석하는 사람도 많은데, 정확하게는 수소 이온 지수를 가리킨다. 이게 무엇인가 하면 수용액 1ℓ 속에 든 'H+'(수소 이온)의 몰 농도를 구하는 것이다. 기본 이론은 다음과 같다.

pH는 $'H^+' = -\log 10^{-1}$에서 $-\log 10^{-14}$까지 변화한다. 즉 pH1~14까지 있는 것이다. pH7일 때 $'H^+' = 'OH^-'$로 같은 농도가 된다. 이를 중성이라고 부른다.

$$KW = 'H^+' \times 'OH^-' = 10^{-14}(mol/\ell)2$$

의 관계에 있으므로, 수소 이온 농도가 올라가면 지수는 7보다 작아진다. pH7 이하는 산성, pH7 이상은 알칼리성이다. 참고로 $10^{-14}=1/10^{14}$, $10^{-1}=1/10$이므로 $10^{-14} < 10^{-1}$

< 원 포인트 레슨 3 >

이고, 따라서 pH14는 pH1에 비해 'H+'(수소 이온) 농도가 무척 연하다.

순수한 물은 이론상 'H+'와 'OH-'가 10^{-7}씩 존재하므로 당연히 pH7(중성)이다.

여기서 빵 반죽과 pH의 관계를 잠시 알아보자. 빵을 만드는 데 쓰이는 재료는 대부분 약산성으로, pH6.0~7.0의 범위에 있다.

〈직접 반죽법을 쓴 반죽〉

반죽 ―――― pH6.0 전후
발효 종료 시 ―――― pH5.5 전후
완제품 ―――― pH5.7 전후

KW(물의 이온곱, 25℃에서)
= $'H^{+}' \times 'OH^{-}' = 10^{-14}(mol/\ell)2$ ―――― ①
→ $'H^{+}' \times 'OH^{-}' = 10^{-7}(mol/\ell)$ ―――― ②
→ 이를 정수로 표시하기 위해 다음 공식을 준비했다.
→ $pH = -\log 'H^{+}'$ ―――― ③
→ $pH = -\log_{10} 'H^{+}'$와 같다. ―――― ④
여기에 ②를 대입하면
→ $pH = -\log_{10} 10^{-7}$ ―――― ⑤
→ $pH = -(-7)\log_{10} 10$ ―――― ⑥
→ $pH = -(-7)(1) = 7$ ―――― ⑦
이것이 pH를 구하는 식이다.

〈중종법 반죽〉

중종 반죽 ―――― pH6.0 전후
중종 발효 종료 시 ―――― pH5.2 전후
본반죽 ―――― pH5.5 전후
완제품 ―――― pH5.7 전후

< 원 포인트 레슨 3 >

이렇게 보면 반죽이든 빵이든 간에 결국은 약산성이라는 사실을 알 수 있다. 반죽 발효 과정에서 나오는 유기산이 반죽을 더 산성으로 만들어준다는 것도 명백하다. 다 구운 빵이 반죽일 때보다 pH가 더 높은 것은 굽는 과정에서 수분이 증발하기 때문에 빵에 남은 수분까지 적어지고 그 결과 수소 이온 농도가 낮아지기 때문이다. 보통 수소 이온 농도가 낮아지면 pH 수치는 커진다.

한편 pH와 미생물의 관계에서, 각 미생물의 생육에 가장 좋은 pH를 최적 pH라고 부른다. pH가 최적 pH보다 더 높거나 낮으면 생육이 나빠지며, pH4 이하 또는 pH9 이상인 환경에서 살 수 있는 미생물은 거의 없다.

유산균과 같이 산을 만드는 세균을 제외하고, 일반 세균의 최적 pH는 7 부근이며 이스트의 최적 pH는 4~4.5이다.

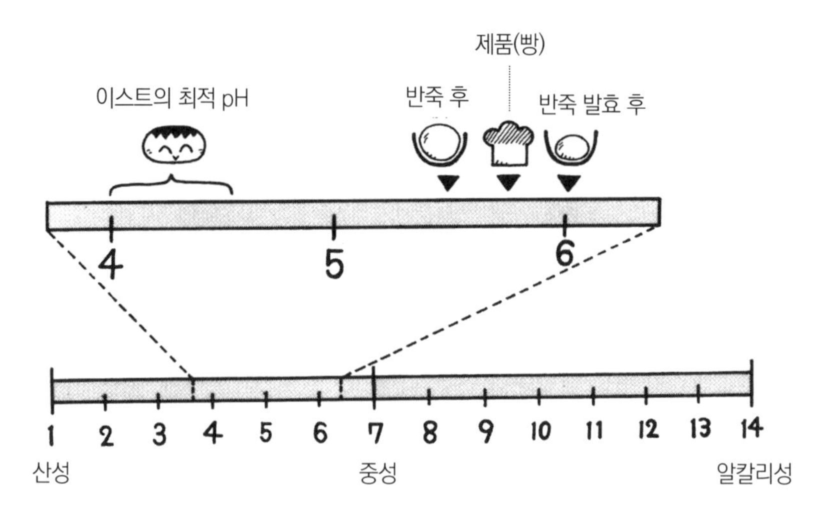

곰팡이는 2~8.5에서 생육 가능하지만, 산성 영역 쪽이 생육에는 더 좋다.

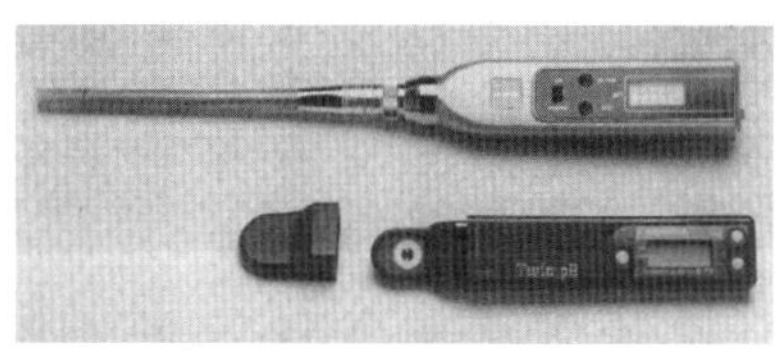
pH 센서 / 위 : 용액용 아래 : 반죽용

식품의 경우 pH를 4.6 이하로 조정하면 일반 세균을 억제할 수 있고 pH3.7 이하까지 내리면 내산성이 있는 세균류, 이스트, 곰팡이가 억제된다.

소금의 역할

빵을 만들 때 소금을 꼭 넣는데, 소금 없이는 빵을 못 만드나요?
소금은 빵에 어떤 역할을 하나요?

물론 소금 없이도 빵을 만들 수 있다. 실제로 신장병을 앓고 있는 사람의 환자식으로 무염빵이 나올 때도 있다.

그런데 무염과 유염의 가장 큰 차이는 무엇일까? 먼저 제품 단계에서 유염과 무염은 식품 면에서 하늘과 땅 같은 차이가 있다. 먹어 보면 알겠지만 당연히 전자는 짠맛이 나지만 후자는 짠맛이 없어 무미건조한 빵이 된다.

제조 단계에서도 무염 빵 반죽은 유염 빵 반죽보다 가진 성질에 변화가 많이 일어난다. 소금은 반죽 속 글루텐을 수축시켜 반죽의 탄성을 강하게 만드는 효과가 있다. 그래서 소금이 배합되지 않은 반죽은 끈적끈적하고 탄력이 없어서 반죽의 발효와 팽창에 시간이 걸리고 반죽 상태를 파악하기 어려워진다. 이렇게 떨어지는 작업성을 보완하기 위해서 빵 반죽 개량제(이스트 푸드. 주로 비타민 C 등 산화제)를 넣어 반죽에 탄력을 주는 경우도 있다.

소금을 같은 비율로 넣었는데도 빵의 짠맛이 달라질 수 있는데, 그것은 소금에 들어 있는 염화나트륨(NaCl) 함유량의 차이 때문이다. 보통 염화나트륨이 많을수록 짠맛이 강해진다. 이를테면 가정용 식염은 염화나트륨 함유량이 99.0% 또는 99.5% 이상이며 염기성 탄산마그네슘(간수)이 대략 0.4% 정도 들어 있다. 반면 가공용 소금과 절임용 소금은 염화나트륨이 95.0% 이상이다. 소금 사용량이 많으면 많을수록 이 4~5%의 차이가 빵 맛에 영향을 미치기 때문에 사용하는 소금의 염화나트륨 함유량을 파악하는 것이 제빵의 중요한 포인트라고 할 수 있다.

시판 소금은 아래와 같이 크게 두 종류로 분류할 수 있다.

① 수입원염을 그대로 갈거나 녹인 후 다시 결정을 만든 것,

② 바닷물을 농축(이온교환막법)시켜 끓인 후 결정화한 것이다.

그리고 그 종류는 대략 십여 종에 이른다. 제빵에 쓰이는 소금은 어떤 종류의 소금을 사용해도 별다른 지장이 없다. 다소의 간수나 미네랄분의 함유량 차이를 제외하면 염화나트륨 이외의 성분량은 대부분의 소금이 다 똑같기 때문이다. 그렇기에 이 염화나트륨 함유량만 파악해서 소금의 양을 조절하면 완성된 빵의 맛과 풍미에 큰 차이는 없을 것이다.

소금의 흡수성

빵에 넣을 소금을 프라이팬으로 미리 구워두는 이유는 무엇인가요?

정제식염, 천연염 모두 공기 중의 습기를 잘 빨아들인다. 습기를 머금은 소금은 무게가 늘어나기 때문에, 같은 10g을 계량해도 건조한 상태의 소금과 습기를 흡수한 소금은 구성 성분의 분량에서 차이가 나버린다. 빵을 만들 때 쓰는 소금을 미리 잘 건조시켜 품질을 일정하게 만들어두는 것은 '밀가루 대비 몇 %의 소금을 첨가해야 한다'라는 기준이 있기 때문이다.

또 빵의 맛 면에서도 '짠맛'은 문제가 된다. 소금의 무게 차이가 빵 맛에도 미묘하게 영향을 미치는 것이다. 이를 방지하는 의미에서 늘 건조된 상태의 소금을 사용한다.

또 소금을 항상 보슬보슬 마른 상태로 두면 사용하기 편하다는 장점도 있다. 소금통에 볶은 쌀 몇 알을 넣어두는 것도 그런 이유 때문이다.

어떤 빵이든 상관없이, 소금을 미리 볶아 체 쳐서 보슬보슬하게 만든 것을 사용하면 빵 맛이 일정해진다.

•어떤 빵이든 상관없이, 소금을 미리 볶아 체 쳐서 보슬보슬하게 만든 것을 사용하면 빵 맛이 일정해진다.

라우겐 용액의 역할

라우겐 용액이 무엇인가요? 또 어떤 역할을 하나요?

라우겐 용액(Lauge)이란 독일어로 알칼리용액을 총칭하는 말이다. 보통 빵집에서 사용하는 것은 수산화나트륨(가성소다) 용액이고, 현지에서는 나트론 라우게(Natron Lauge)라는 이름으로 쓰이고 있다. 사용량은 법률상 규제되어 있어서 물 1ℓ에 수산화나트륨 38~42g 정도를 용액으로 만들 수 있다. (국내는 별도의 규제기준은 없으며 단, 완성전에 중화 또는 제거되어야 한다고 규정되어 있다)

•왼쪽부터 라우겐 프레첼, 라우겐 슈탕겐, 라우겐 브뢰첸

일반적으로는 라우겐 용액을 쓴 스페셜리

•성형 후의 프레첼

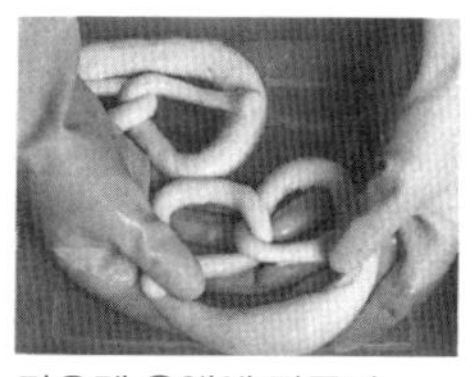
라우겐 용액에 담근다

쿠프(칼집)를 넣는다

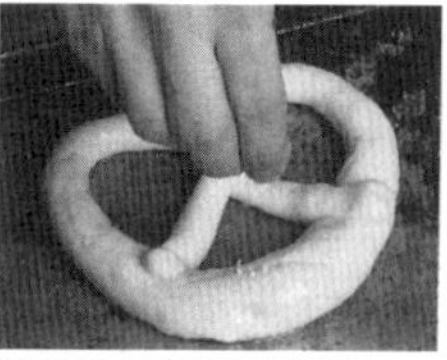
암염을 표면에 뿌린다

티 브레드인 라우겐 프레첼(Laugen Brezel), 라우겐 슈탕겐(Laugen Stangen), 라우겐 브뢰첸(Laugen Brötchen) 등이 남독일을 중심으로 보급되어 있다. 이 빵들의 특징은 독특한 적갈색 크러스트(겉껍질) 그리고 구우면서 일어나는 화학 반응에 의해 생성되는 나트륨 계열 중성염의 짠맛과 냄새다.

이 빵들은 발효한 반죽을 굽기 직전 라우겐 용액에 담가 반죽 표면 전체에 수산화나트륨 용액을 묻힌 후에 굽는다. 일반적인 빵과는 구웠을 때의 빛깔과 식감, 풍미, 맛 등 모든 면에서 분명한 차이를 느낄 수 있다.

몰트 시럽의 역할

프랑스빵 등 하드 타입의 빵에 몰트 시럽을 배합하는 이유는 뭔가요?

몰트 시럽이란 보리가 발아할 때 활성화하는 α-아밀라아제에 의해 부산되는 끈적끈적한 맥아당 농축 시럽이다.

성분은 거의 맥아당과 수분으로 되어 있지만 잊지 말아야 할 것은 전분 분해 효소인 α-아밀라아제다.

몰트 시럽을 첨가하는 주요 목적은 최대한 이른 발효 단계 때 α-아밀라아제의 활성을 이용해서 밀가루 속 손상 전분 조직을 이스트의 먹이인 덱스트린과 포도당으로 분해하여 영양을 보급하고 이스트를 활성화시키기 위해서이다.

프랑스빵은 반죽에 설탕을 넣지 않기 때문에 이스트를 발효시키려면 먼저 밀가루 속 전분을 포도당으로 분해해야 한다.

원래 이스트는 전분 분해 효소를 여러 종류 가지고 있지만, α-아밀라아제와 β-아밀라아제는 없다. 전분 분해 효소는 밀가루에도 들어 있는데 그것만으로는 부족할 때도 있기에 몰트 시럽 속에 함유된 α-아밀라아제 활성의 도움을 받는 것이다. 프랑스빵은 이스트 사용량을 최소한으로 억제하고 반죽의 발효 및 숙성을 충분히 이끌어 내서 풍미 깊은 빵을 구워내고 싶다는 의도를 바탕으로 모든 배합과 공정이 설정되어 있다. 따라서 함유된 전분 분해 효소의 양도 적다.

이스트 첨가량이 많은 빵의 경우는 반죽 발효 시 탄산가스가 발생하려면 믹싱 종료 후 15~20분 정도 걸리는데, 프랑스빵의 경우는 이스트가 전분을 포도당으로 분해해야 하기 때문에 30~40분 정도로 두 배의 시간이 걸린다. 그래서 조금이라도 더 빨리 탄산가스를 발생시키기 위해 몰트 시럽을 넣는 것이다.

• 몰트 시럽을 물에 녹이기 A

몰트 시럽을 반죽에 쓸 물에 적정량 넣는다

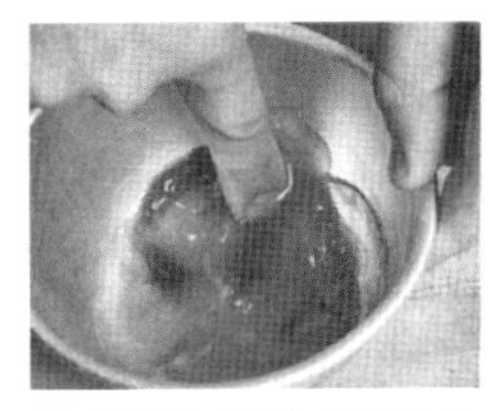
잘 섞어서 몰트 시럽을 녹인다

이 상태로 밀가루와 같이 믹싱한다

• 몰트 시럽을 가루에 녹이기 B

A, B 둘 중 아무 방법이나 써도 괜찮다

밀가루 위에 몰트 시럽을 붓는다

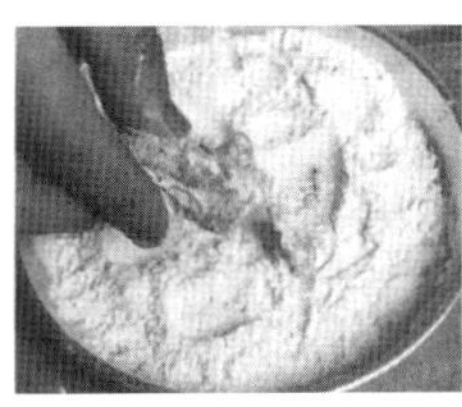
작업성을 향상시키기 위해 주위에 밀가루를 뿌린다

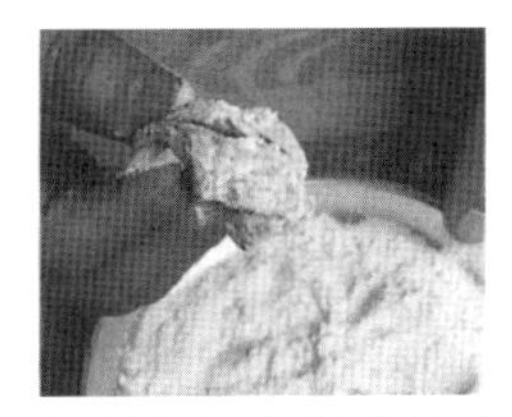
이 상태로 밀가루와 같이 믹싱한다

사용 분량은 가루 대비 0.3~0.5%(국내의 경우 0.1~0.2%) 정도다. 수입산인지 아닌지에 따라 몰트 시럽 속 α-아밀라아제 활성이 두세 배 정도 차이가 나는 만큼 수입산을 쓸 경우에는 양을 조금 더 줄이는 편이 좋다.

몰트 시럽을 지나치게 많이 쓰면 반죽이 질어져서 다음 공정인 분할과 성형 작업이 어려워진다.

이스트의 역할(반죽 개량제)

이스트 푸드가 무엇인가요? 또 어떨 때 쓰면 되나요?

이스트 푸드는 발효를 촉진하고 반죽 상태를 개선시키는 첨가물로 약 10종류의 화합물로 구성되어 있다. 오늘날에는 여러 가지 다양한 이스트 푸드가 업무용을 중심으로 시장에 나와 있다. 각 제조회사마다 이스트 푸드라는 이름으로 판매하고 있는데, 화합물의 비율이 각 회사마다 미묘하게 달라서 그 효과도 조금씩 차이가 난다.

제빵에 있어서 이스트 푸드의 역할은 크게 다음 세 가지로 나눌 수 있다.

① 물의 경도를 바꿔준다.
② 이스트의 영양분이 된다.
③ 글루텐을 안정 및 강화시킨다.

지금부터 하나하나 자세히 알아보자.

① 물의 경도를 바꿔준다

물의 경도란 물에 들어 있는 칼슘과 마그네슘 이온의 양을 탄산칼슘 양으로 환산해서 ppm 값으로 나타낸 것인데, 함유량이 많을수록 경도가 높아져 경수(硬水)가 된다.

그렇다면 제빵에 적합한 물의 경도는 얼마일까? 원로프(one loaf, 한 덩어리)형 식빵으로 물의 경도에 차이를 둬서 테스트 베이킹한 결과를 다음 표에 정리했다. 한편 순수는 증류수를 썼으며 그 밖의 물은 수돗물을 기준으로 탄산칼슘 첨가에 따라 경도를 산출하였다.

이 표를 보면 알 수 있듯 반죽에 넣는 물의 경도가 높은 경수일수록 반죽 속 글루텐 조직을 잘 수축시킨다. 반대로 경도가 낮은 연수를 쓰게 되면 글루텐을 덜 수축시켜 차진 반죽이 되는 원인이 된다.

	믹싱 단계	발효 단계
순수 0ppm	글루텐 발달이 늦다. 글루텐의 신장성은 좋지만 탄력성은 약하다. 믹싱 시간이 길어진다.	반죽의 팽창 속도와 볼륨감 모두 좋은 반면, 글루텐의 가스 보유력이 약해서 반죽 파열이 가장 빠르다.
아경수 50ppm	순수를 쓴 반죽과 별다른 차이는 느껴지지 않는다.	순수와 반죽의 팽창 속도는 다르지 않지만 글루텐의 가스 보유력이 조금 더 낫다.
경수 100ppm	반죽은 순수, 연수보다 분 수준으로 더 빨리 된다. 글루텐 발달도 빠르며, 신장성보다는 탄력성이 좋다.	글루텐의 긴장이 늘어나기 때문에 발효 속도가 순수에 비해 살짝 느리다. 가스 보유력도 좋고, 반죽의 볼륨감도 순수와 별로 차이가 없다. 반죽의 파열은 상당히 느리다.
극경수 200ppm	경수보다 더욱 탄력성이 강하다. 너무 수축된 반죽이 된다.	발효 속도가 극단적으로 느리다. 글루텐의 긴장도는 최대가 되며, 이스트에 대한 직접적인 영향력도 커서 발효를 방해하는 원인이 된다.

제빵, 특히 식빵과 단과자빵에 적합한 물은 경수다. 일본의 경우 물이 연수에 가까워서(국내의 경우는 경수에 가깝다) 탄산칼슘과 탄산마그네슘이 들어 있는 이스트 푸드를 첨가하여 수돗물을 경수로 개량한다. 이렇게 하면 반죽 속 글루텐 조직이 강화되면서 빵 반죽이 축 늘어지는 것을 방지한다.

또 프랑스빵이라든지 딱딱한 빵은 낮은 연수인 수돗물로 만들어도 문제될 것이 없다. 기본적으로 글루텐이 생기는 것을 억제해야 하는 빵은 오히려 낮은 연수를 쓰는 편이 낫다. 연수를 쓰면 반죽이 늦게 되기 때문에 저속을 바탕으로 해서 천천히 믹싱한다. 그렇게 하면 글루텐도 80% 정도로 줄일 수 있고 그 결과 볼륨감보다

는 소재의 맛과 풍미가 특징인 빵이 나오기 때문이다.

이스트 푸드를 쓰면 이처럼 소재와 제법의 특성을 유연하게 응용하여 각 빵의 개성을 살릴 수 있다. 다만 수질 개량제가 든 이스트 푸드를 과연 모든 빵에 쓸 필요가 있는지에 관해서는 만드는 사람이 각자 알아서 잘 판단해야 한다.

② 이스트의 영양분이 된다

이스트 푸드에 든 유기산에는 염화암모늄, 황산암모늄, 인산암모늄 등이 있다. 이것들은 이스트가 반죽에서 섭취하기 어렵기 때문에 암모니아 화합물의 형태로 넣어 영양을 보급한다. 그러면 이스트의 탄산가스 발생력이 떨어지는 것을 방지할 수 있다. 특히 당분이 적은 린 타입의 빵 반죽은 반죽 속의 당분이 부족해짐에 따라 탄산가스 발생력이 저하된다. 그때 이 질소가 활성화를 돕는다.

그밖에 칼륨, 인, 칼슘 등 기본적인 영양분은 밀가루나 물로도 섭취 가능하지만 질소원은 비교적 어렵다. 첨가량은 가루 대비 100~300ppm 정도면 충분하다.

③ 글루텐을 안정 및 강화시킨다

밀은 식물이고 농작물이기 때문에 당연히 매년 수확할 때마다 품질이 다르기 마련이다. 그래서 제분 시에 규격 기준을 두어 품질을 관리하고는 있지만, 늘 아예 같은 상태의 가루를 구할 수 있다고 말하기는 어렵다.

또 갓 제분한 가루와 몇 주 동안 에이징(숙성)한 가루는 반죽의 흡수량과 믹싱 시간, 발효 내용까지 다 다르다. 특히 갓 제분한 가루의 경우 산화가 아직 덜 되어서 반죽하면 더욱 끈적거리는 면이 있다.

그래서 산화 작용을 하는 이스트 푸드(산화제)를 첨가해 반죽 속 글루텐을 보강한다. 그러면 산화제가 글루텐에 어떤 작용을 하는지 구체적으로 알아보자.

먼저 각 글루텐을 한 가닥의 긴 실이라고 생각해보자. 그 실이 반죽 속을 종횡무진 돌아다니고 있는 것이다. 한 가닥 한 가닥의 글루텐은 아미노산이라고 부르는 단백질로 구성되어 있고, 그 곳곳에 황 함유 아미노산인 시스테인(SH기라는 손을 가지고 있다)이 있다. 하나의 글루텐 속에 있는 이 시스테인이 산소를 매개로 삼아 다른 글루텐의 시스테인과 SH기로 연결된다. 그리하여 시스테인이 시스틴으로 변하는 것이다. SH기끼리 손을 잡고 있는 부분이 S-S 결합이고, 두 개씩 있던 손이 공통된 하나의 손이 된다. 그 결과 각각 단독으로 존재했던 글루텐이 연결되면서 단단히 보강되는 것이다.

물론 산화제가 없어도 반죽 속에 있는 산소에 의해 SH기를 S-S 결합으로 바꿀 수는 있으나, 이것만으로는 SH기 전체의 약 20% 정도밖에 되지 않는다.

그래서 산화제를 첨가해 50% 정도까지 끌어올려 글루텐끼리의 연결을 더 강고하게 만든다.

산화제에는 몇 가지 종류가 있는데, 현재 한국과 일본의 제빵업계에서 주류는 아스코르빈산이다. 원래는 환원제이지만, 빵 반죽에 섞으면 밀가루 속의 글루코아밀라아제(글루코시다아제)라는 효소에 의해 한 번 산화된다. 산화형이 된 디하이드로아스코르빈산이 산화제로 시스테인에 작용하여 시스틴으로 바꾸는 것이다. 빵 반죽에는 사용하는 가루 대비 5~10ppm 정도가 일반적이다.

•시스틴의 S-S 결합

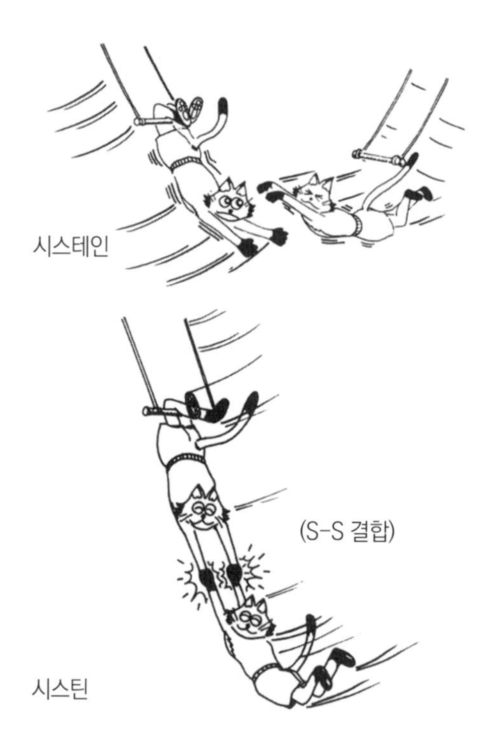

이상으로 주요 이스트 푸드의 역할에 대해 알아보았는데, 그밖에 효소제와 계면활성제, 증량제 등이 배합되기도 한다. 사용량은 각 이스트 푸드 설명서를 참고하여 사용 가루 대비 몇 %(몇 g)인지를 정한다.

이때의 키포인트는 이스트 푸드에 함유된 산화제의 비율이라고 할 수 있다.

PART 02

제법

•유지를 넣고 반죽하기

직접 반죽법(스트레이트법) **80** / 중종법(스펀지 도우법) **85** / 발효종법(사워종법) **89** / 단시간 발효법(노타임 반죽법) **93** / 저온(냉장) 장시간 발효법 **95** / 액종법(풀리쉬법) **97**

〈직접 반죽법〉

직접 반죽법은 만들고자 하는 빵의 밀가루 총량을 한 번의 공정 과정으로 믹싱과 발효까지 마치는 제법이다. 반면 중종법은 미리 중종을 준비한 다음 빵 반죽을 만들기 때문에 작업이 2회로 나누어진다. 지금부터 직접 반죽법의 장점과 단점을 알아보자.

직접 반죽법의 장점

① 밀의 풍미를 살리는 제법이다.

② 전체적인 제빵 공정에 드는 시간이 중종법보다 짧다.

③ 특유의 쫄깃쫄깃한 식감을 줄 수 있다.
④ 공정이 단순하고, 반죽 발효에 공간을 많이 차지하지 않는다.

직접 반죽법의 단점

① 빵의 경화가 중종법으로 만든 빵보다 빠르다. 중종법보다 반죽의 발효, 수화, 숙성 시간이 짧기 때문에 완성된 빵도 비교적 빨리 딱딱해진다.
② 반죽 속 글루텐의 신장성이 중종법으로 만드는 빵보다 약해서 물리적인 힘에 의해 반죽이 손상되기 쉬운 만큼 다루기 까다롭다. 당연히 반죽의 기계내성이 나빠지기 때문에 손반죽에 의지하는 부분이 많다. 또 빵의 볼륨(부피, 분량)도 중종법으로 만든 것보다 잘 나오지 않는다.

이상과 같은 특징이 있는데, 직접 반죽법의 장점을 충분히 살리기 위한 중요 포인트는 다음과 같다.

① 믹싱 초기 단계(1~2분간)에 반죽의 굳기를 결정한다

믹싱 초기 단계 때 물을 전부 투입해 반죽 상태를 파악할 수 있기 때문에 조정수 및 추가 물 투입 시기를 앞당기는 것이 가능하다. 그렇게 하면 불필요한 믹싱 시간을 단축시켜 반죽을 완성할 수 있다.

왜 초기 단계 때 반죽을 완성하고 싶은가 하면 믹싱의 후기 단계에 물을 더 붓게 되면 밀가루가 흡수하지 못해 반죽 속에서 분리되어 반죽이 질척거리는 원인이 되기 때문이다. 또 믹싱 시간과 내용에도 큰 영향을 주어 기대했던 대로의 반죽이 나오지 않는다.

② 반죽을 린 타입으로 할 것인지 리치 타입으로 할 것인지 잘 판단하고, 최종적으로 나올 빵의 볼륨과 맛의 농도를 상상하며 믹싱한다

일반적으로 리치 타입의 빵은 반죽 믹싱을 길게 해서 글루텐 조직을 강화하고 반죽의 가스 보유력 자체를 높여 볼륨을 키운다. 다만 볼륨이 크면 클수록 빵이 공기를 품기 때문에 맛과 풍미가 약한 느낌을 줄 수 있다.

또 린 타입의 빵은 볼륨을 억제하기 때문에 리치 타입과는 정반대다. 볼륨과 맛, 풍미의 균형은 믹싱 시간에 변화를 줘서 조정한다.

③ 펀치를 할지 말지 판단해서 발효 시간을 정한다

반죽 온도와도 상관있지만, 온도가 비교적 낮은 반죽이나 린 배합의 반죽은 보통 펀치(가스 빼기)를 하는 경우가 많다. 이렇게 발효 과정에서 1단계 작업이 늘어나면서 발효 시간이 길어진다. 그동안 발효와 밀가루의 숙성으로 빵의 풍미를 충분히 이끌어낼 수 있다.

반대로 리치 타입의 빵은 발효취를 억제하고 달걀과 우유, 유지류 등 부소재의 맛과 풍미를 살리는 방식이므로 펀치를 하지 않아 발효 시간을 단축하는 경우가 많다.

④ 빵 반죽 온도와 발효 시간, 이스트 첨가량의 균형을 유지한다

이 세 가지 요소가 균형을 이루지 않으면 반죽 속 글루텐의 가스 보유력과 가스 발생량의 관계가 흐트러지고 만다.

글루텐의 가스 보유력보다 많은 가스가 발생했을 경우(반죽 온도가 높거나 발효 시간이 길거나 이스트 첨가량이 많은 것이 발효 활동을 촉진하는 요인이 되어 가스 발생량이 많아진다) 반죽이 터져서 반죽 다운(반죽 속 가스가 빠져나가 볼륨이 없어지는 것)이 일어난다. 이 상태가 되면 반죽에 힘이 없어져 그 후의 발효력이 떨어진다. 이를 반죽의 발효 과다로 인한 반죽 팽창력의 저하라고 한다.

반대로 빵 반죽의 글루텐 조직이 잘 형성되어 가스 보유력이 충분한데도 가스 발생이 부족한 경우(반죽 온도가 낮거나 발효 시간이 짧거나 이스트 첨가량이 적은 것이 발효 활동을 방해하는 요인이 되어 가스 발생량이 적어진다)는 발효 미숙으로 인한 반죽 팽창력의 저하라고 한다.

여기에 반죽 온도가 어떤 식으로 관련이 있는가 하면 반죽 온도가 낮을수록 발효 시간을 길게, 온도가 높을수록 발효 시간을 짧게 잡아야 한다. 온도가 이스트

〈손반죽으로 하는 직접 반죽법 믹싱〉

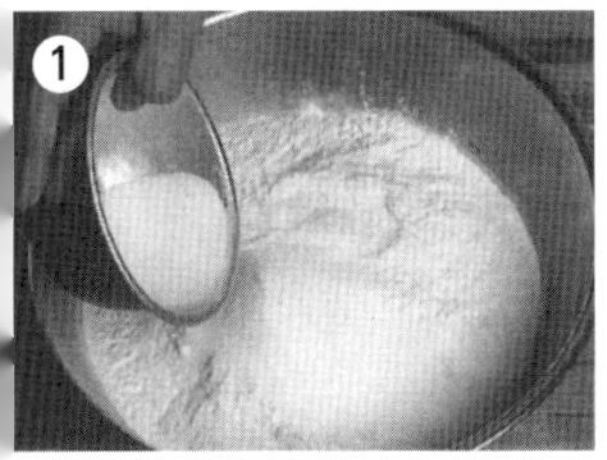
밀가루에 미리 가루 종류를 섞는다.

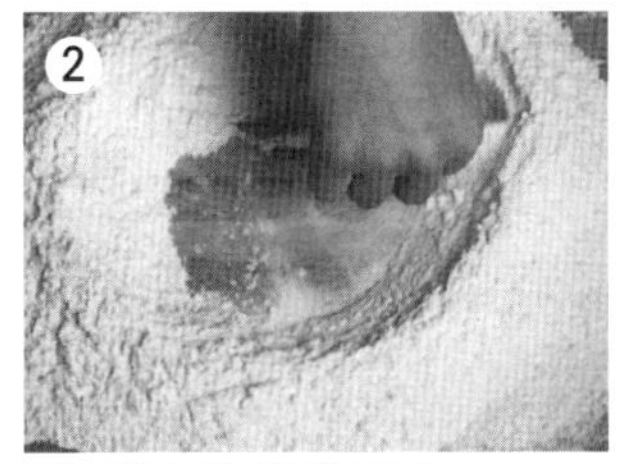
가운데를 우묵하게 판다.

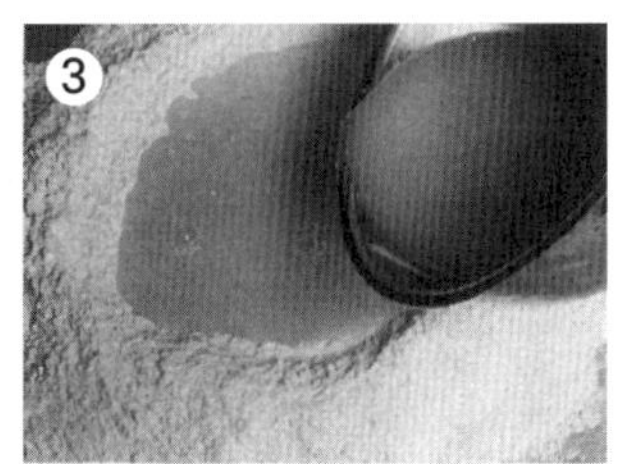
여기에 이스트 등을 녹인 물을 붓는다.

밀가루와 물을 섞는다.

몸과 가까운 쪽에서 먼 쪽으로 밀듯이 반죽한다.

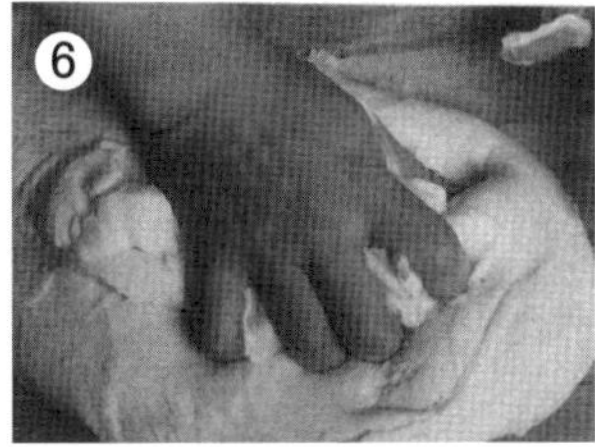
글루텐이 나오면서 반죽에 탄력이 생기기 시작하고 손에 달라붙지 않게 됐을 때 유지를 넣는다.

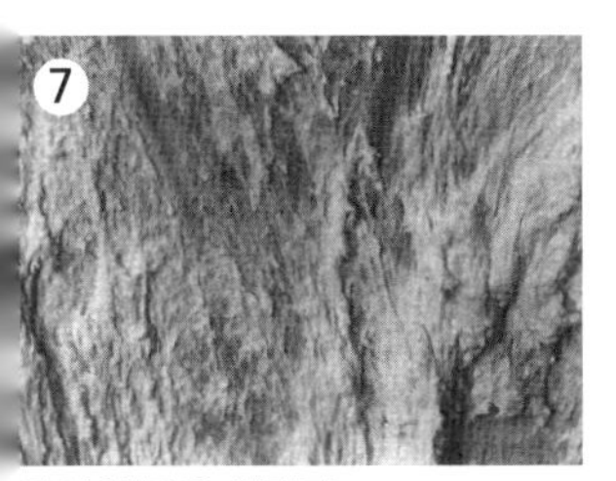
다시 반죽을 치댄다.

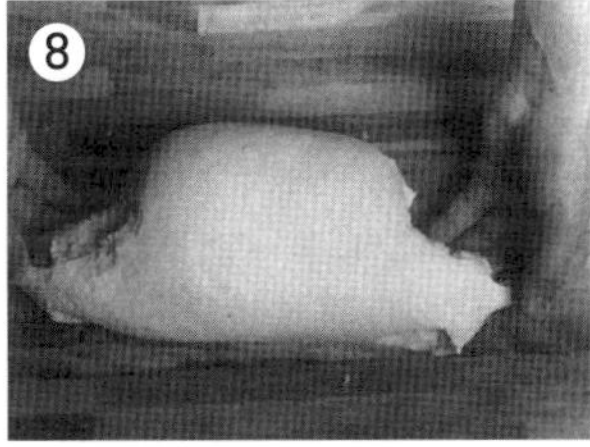
반죽이 다 되면 500회 정도 작업대에 친다.

표면이 매끈해질 때까지 반죽을 다듬는다.

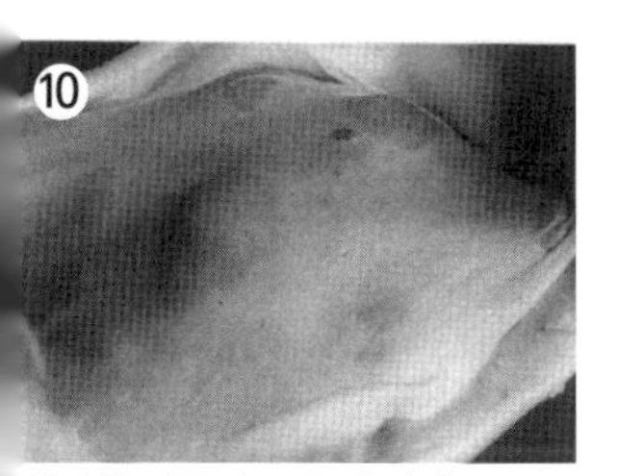
완성한 반죽의 글루텐 상태

활성에 관여하는 부분이 크기 때문인데, 온도가 높을수록 이스트에 힘이 붙어 탄산가스를 빨리 많이 만들어내어 반죽의 팽창이 빨라진다. 이러한 관계가 과하거나 부족해지면 역시 발효 과다 또는 발효 미숙이 될 수 있다.

발효 과다든 발효 미숙이든 빵의 볼륨에 큰 영향을 미치는 만큼 반죽 온도와 발효 시간과 이스트 첨가량의 균형을 잘 유지해야 한다. 이 셋은 삼위일체의 관계이므로 어느 것 하나라도 달라지면 전체적인 발효 조건을 다시 세워야 하기 때문이다.

< 중종법(스펀지 도우법) >

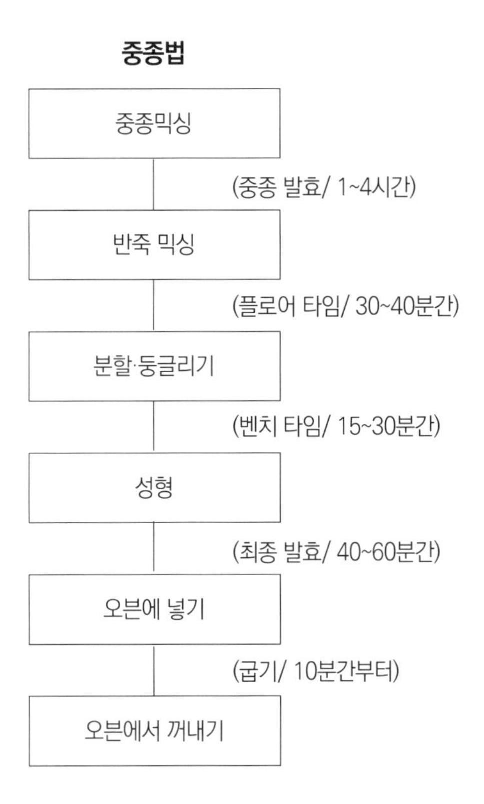

중종법이란 반죽하기 전에 발효종을 먼저 준비하는 제법으로, 반죽을 두 공정으로 나누어 하는 특징이 있다. 전 단계 때의 발효종을 중종(스펀지)이라고 하기 때문에 중종법(스펀지 도우법)이라고 이름 짓게 되었다. 중종에 들어가는 가루의 양은 전체 사용량의 50%가 넘는다.

먼저 중종은 클린업 단계까지 믹싱한다. 수직형 믹서를 쓸 경우 저속으로 2~3분, 중속으로 2~3분 정도 하면 충분하다. 믹싱으로 반죽을 완성(발전 단계)하는 것이 아니라 평균 4시간 정도 중종 발효하는 사이에 반죽을 수화, 숙성시킨다. 또 이스트 푸드(산화제, 유화제 등)를 쓸 경우에는 중종 믹싱 단계 때 첨가하기 바란다. 긴 시간에 걸쳐 중종 발효하는 중에 이스트 푸드가 효력을 충분히 발휘하기 때문이다.

이어서 반죽 믹싱 때, 발효한 중종에 나머지 가루와 유지 이외의 재료를 투입한다. 보통은 부드럽고 신장성 있는 상태를 목표로 하는 만큼 믹싱은 비교적 강하게 오랜 시간 한다. 유지 투입 시기는 클린업 단계가 끝났을 무렵이 일반적이다.

반죽이 갓 끝났을 때는 무척 부드러우면서 끈적끈적하기 때문에 플로어 타임을 거쳐야 한다. 플로어 타임 역시 발효의 일부분으로, 그 사이에 반죽이 산화되어 건조해지기 때문에 다루기 한결 편하다.

그 후에는 분할, 둥글리기, 벤치 타임, 성형, 발효기(최종 발효), 굽기까지 작업이 이어진다.

중종 반죽은 기본적으로 밀가루와 물과 이스트를 섞어서 한다. 중종에는 소금이 들어가지 않기 때문에 글루텐의 탄성은 강해지지 않지만, 그 때문에 오히려 밀 단백질(글루테닌과 글리아딘)의 수분 흡수가 좋아서 신장성이 뛰어난 글루텐이 형성된다. 또 사용할 가루의 50% 이상을 긴 시간 미리 수화시킬 수 있기에 반죽의 숙성 상태도 안정적이다.

게다가 앞에서도 말했듯이 중종 배합은 무척 린하기 때문에 이스트가 활동하기에 무척 쾌적한 공간이다. 이스트의 활동을 억제하는 소금과 기타 재료가 들어가지 않아서 거침없이 발효할 수 있는 것이다.

이처럼 반죽이 안정적이라는 것은 바꿔 말하면 반죽 관리가 수월하다는 뜻이다. 여기에는 반죽 믹싱과 발효 관리, 분할 성형의 좋은 작업성 등 다양한 요소가 포함되어 있다. 각 단계에서의 허용 범위가 넓고 유연성이 있으므로 웬만해서는 빵을 실패하기가 쉽지 않다.

그렇다고 해서 중종법이 다른 제법보다 우수하다고 말할 수는 없다. 각 제법으로 만든 빵에는 저마다 특유의 맛이 있으니까 말이다.

이어서 중종법의 장점과 단점을 알아보자.

〈중종법의 장점〉

① 빵 반죽의 전체적인 발효 시간이 길어져서 반죽의 발효와 숙성, 수화가 충분히 진행되기 때문에 반죽의 흡수량이 증가해 빵이 부드러워진다.

② 두 번에 걸쳐 믹싱하기 때문에 글루텐 조직이 더 잘 발달되고, 반죽의 신장성이 좋아져 그만큼 가스 보유력이 늘어나기 때문에 빵이 잘 팽창해 볼륨감 있는 빵이 나온다.

③ ①에서 말했듯 빵 반죽의 숙성과 수화가 충분해서 빵의 수분 보유력이 늘어나 그만큼 경화가 늦게 진행된다.

④ 중종 발효 중에 활성화한 이스트의 발효력 때문에 반죽 발효 단계에서 반죽의 볼륨이 더욱 커진다. 또 글루텐의 신장성이 커져서 오븐 스프링(오븐에 넣은 빵이 부풀어 오르는 현상. -역자 주)도 좋아져 최종적으로 빵의 볼륨이 커진다.

⑤ 반죽 믹싱 단계 때 소금과 설탕 등을 녹이는 데 필요한 수분량을 투입할 수 있다. 이때 나머지 밀가루도 동시에 넣는 만큼 반죽이 지나치게 부드러워질 걱정은 없다. 또 믹싱을 2회에 걸쳐서 하는 만큼 반죽 상태를 정하는 데 유연성이 있다.

⑥ 글루텐의 신장성이 좋아져서 그만큼 반죽이 유연해진다. 그래서 반죽을 다루기가 수월해지고 기계내성도 올라가 결과적으로 제빵 작업성이 좋아진다.

⑦ 모든 공정에 드는 시간은 길지만, 반죽에서 굽기까지 각 작업마다 기다리는

시간은 짧기 때문에 작업 공정이 효율적이다.

〈중종법의 단점〉

① 중종 발효와 반죽 발효에 각각 시간이 필요하기 때문에 제빵 공정의 총 소요 시간이 길어진다. 또 반죽 발효를 위한 공간 점유도 길어진다.

② 중종 발효 시간이 길어서 빵 반죽의 발효취가 강해지고 밀의 풍미는 떨어진다.

③ 빵 반죽을 두 번에 걸쳐 하는 만큼 공정이 복잡해서 제법의 간편성이라는 부분이 부족하다.

< 발효종법(사워종법) >

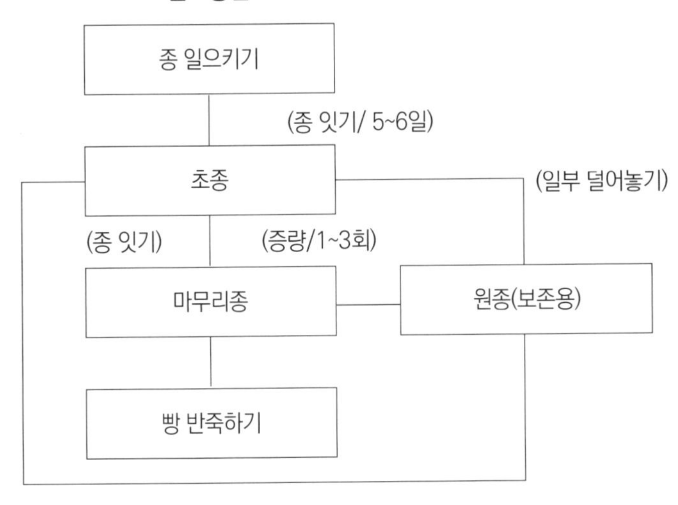

종 일으키기 발효종을 만드는 첫 번째 단계.

호밀가루	: 1	반죽 온도 : 25℃
물	: 1	반죽 pH : 6.5
		발효시간 : 24시간

종 잇기 1일 1회의 종 잇기를 며칠 동안 연속으로 한다(종의 일부를 사용).

호밀가루	: 1	반죽 온도 : 25℃
물	: 1	반죽 pH : 6.5~4.0(1회째~수 회째)
종	: 0.5	발효시간 : 24시간/1회

초종 일으킨 종을 완전히 발효, 숙성시킨다. 이 단계에서 종의 pH를 4.0 전후까지 낮춰둔다.

종의 증량	원하는 양까지 초종을 증량한다. 호밀가루 : 1　반죽 온도 : 25℃ 물 : 1　반죽 pH : 4.0 전후 종 : 1　발효시간 : 3~4시간/1회
마무리 종	초종을 증량한 것. 이 단계 때 반죽에 넣는다.
원종	초종 또는 마무리 종의 일부를 보존용으로 떼어둔다. 그것을 재생해서 초종으로 사용(종 잇기를 할 필요가 있으면 한다).

현재 우리가 쓰는 사워종은 영어 Sour dough(사워 도우)에서 유래했다. 프랑스어로는 Levain(르방), 독일어로는 Sauer(사우어), 중국어로는 老麵(노면, 현지 발음 라오멘)이라고 부른다. 이것들은 전부 같은 '발효종'을 가리킨다. 이 발효종은 공업용으로 순배양한 이스트를 쓰지 않고 밀가루와 대기 중에 존재하는 이스트와 유산균을 밀가루와 물을 섞은 반죽을 배지로 삼아서 배양한다.

균은 밀가루, 호밀가루, 포도, 사과, 채소 등 다양한 배지에서 생겨나는데, 보통은 밀가루와 호밀가루를 물에 섞기만 해도 배지가 된다.

발효종을 만드는 방법은 우선 종 일으키기부터 시작해서 종 잇기를 거쳐서 '초종'을 만든다. 이 초종 단계 때 이미 제빵에 발효종으로 쓸 수 있다. 다만 실제로는 양이 적기 때문에 초종을 늘려서 사용하는 것이 일반적이다. 이 증량한 초종을 '마무리 종'이라고 부른다. 또 초종을 증량하기 전에 일부를 떼어내 '원종(보존종)'으로 두면 다음에는 종 일으키기부터 하지 않아도 된다.

원종의 보존 방법

① 새로 밀가루를 추가해서 종을 굳힌 다음 소보로 형태로 만들어 자연건조 시킨다. 사용 시에는 물을 이용해 페이스트 상태로 되돌려 초종으로 쓴다. 보

존기간은 상온에서 반년~1년 정도.

② -20℃ 이하로 냉동하면 한 달 정도 보존 가능하다. 사용 시에는 실온에서 자연 해동하여 한 번 종 잇기를 한 후에 초종으로 쓴다.

③ 5℃ 전후로 냉장하면 2~3일간 보존 가능하다. 사용 시에는 한 번 종 잇기를 한 다음에 초종으로 쓴다. 한 번 냉장 또는 냉동했던 종은 균의 활성이 떨어질 위험이 있기 때문에 종 잇기를 하면 보다 안정적인 종을 얻을 수 있다.

④ 20℃ 전후의 실온에서 약 하루 정도 보존 가능. 종 잇기를 하루 한 번 하면 늘 초종을 유지할 수 있다.

발효종법은 자연계에 있는 미생물의 생화학 반응을 응용하여 빵 반죽을 발효 및 팽창시키는 제법이다. 환경과 배지 차이에 따라 그곳에 사는 미생물의 종류와 균수도 변한다는 특징이 있다. 균의 종류와 수가 달라지면 발효의 정도와 발효산물(특히 유기산류)의 종류와 양도 달라지며, 그러한 변화가 최종적으로는 빵 맛과 풍미의 차이를 불러온다. 따라서 다른 배지의 균종을 구분해 사용하면 각 빵의 개성을 이끌어낼 수 있다.

한편 정체불명 미생물이 상대이기 때문에 발효 관리가 어려운데, 특히 빵의 향미 성분(알코올류와 유산, 구연산, 아세트산 등 유기산류 등)이 되는 발효산물의 관리와 조정에는 많은 노력이 필요하다. 미생물의 생활환경에 많이 좌지우지되는 면이 있기 때문이다.

그중에서도 가장 중요한 환경 문제는 바로 온도다. 온도의 높고 낮음에 따라 미생물의 활성에 뚜렷한 변화가 일어나고 발효산물의 질과 양에 차이가 생겨버리기 때문이다.

이러한 것들을 생각하면 빵의 맛과 풍미에 영향을 미치는 요인이 발효종법에 무척 많다는 사실을 알 수 있다. 따라서 비록 빵의 완성도는 불안정할지라도 뒤집어 생각하면 빵에 변화를 많이 줄 수 있다. 다시 말해 만드는 이의 개성을 발휘할 수 있는 제법인 것이다.

영국에서 탄생한 퀵 브레드는 이스트를 쓰지 않고 화학 팽창제를 이용해 단시간에 구워낸 빵을 말하는데, 굳이 따지자면 빵보다 비스킷에 가깝다.

미국에서 탄생한 노타임 반죽법은 이스트 발효를 한다. 다만 노타임이라고 해도 실제로는 발효에 시간이 걸려서 퀵 브레드처럼 반죽을 바로 굽기란 불가능하다. 그래서 여기서는 노타임 반죽법을 일부러 단시간 발효법이라고 표현했다.

단시간 발효법의 기본 공정은 직접 반죽법과 똑같다. 그 특징은 글루텐 조직을 강화하고 이스트의 활성을 높여서 발효를 촉진시켜 발효 시간을 단축하는 것이다. 지금부터 자세히 살펴보자.

① 이스트의 주요 영양원인 단당류를 반죽에 배합한다. 통상적으로 쓰는 설탕 대신 포도당을 써서 이스트의 당 분해를 쉽게 한다. 이렇게 하면 발효가 촉진되고 탄산가스의 발생이 빨라진다.

② 암모늄염(염화암모늄, 황화암모늄 등)을 첨가해서 질소원으로 쓴다. 이렇게 하면 이스트에 활성을 줄 수 있다.

③ 반죽 온도를 높여(30℃) 이스트의 활동을 활발하게 한다.

④ 반죽 흡수율을 늘려 글루텐이 물을 충분히 흡수하게 함으로써 글루텐의 신장성이 좋아진다.

⑤ 반죽 믹싱을 강화하여 글루텐의 그물망 조직을 완성시킨다. 이렇게 함으로써 빵 반죽의 가스 보유력이 올라간다.

⑥ ④에서 말했듯이 수분량이 많기 때문에 반죽의 수화를 촉진하도록 유화제(글리세린, 슈가에스테르 등)를 첨가해서 반죽 속에 따로 있는 물 분자를 줄인다. 그 결과 반죽의 묽기를 개선할 수 있다.

⑦ 반죽에 산화제(아스코르빈산 등)를 첨가해서 글루텐의 결합(S-S 결합)을 강화하고 반죽을 수축한다. 또 산화를 촉진시켜 반죽의 끈적함을 개선할 수 있다.

⑧ 반죽에 환원제(시스테인 등)를 첨가해서 글루텐의 신장성을 향상시켜 발효할 때와 구울 때 반죽이 잘 부풀게 한다. 환원제는 긴장한 글루텐을 완화하는 효과가 있다.

⑨ 이스트 첨가량을 늘려서 더욱 빠르고 강한 발효력(가스 발생력)을 구한다.

⑩ 탄산칼슘 등을 첨가해서 물의 경도를 높인다.

이러한 방법 중에는 다소 상반되는 내용도 있지만, 애당초 짧은 시간에 반죽을 발효시켜 폭신폭신한 빵을 구워내는 일이니 다소 밀고 당기고 억지로라도 밀어붙여야 하는 모순이 생길 수밖에 없다.

게다가 이 제법은 다양한 화학약품의 힘을 빌려야 한다. 각 첨가량을 섬세하게 조정하지 않으면 빵의 맛과 풍미에 악영향을 줄 수 있으니 주의해야 한다.

한편 이 제법은 대형 설비가 있는 공장 등에서 가능하고, 가정이나 리테일 베이커리(소규모 제과점) 등에서는 조절하기 어렵다.

이 제법은 접기형 반죽이나 리치 배합의 반죽에 적합하다.

접기형 반죽의 경우 반죽 사이에 유지를 끼워 넣을 때 반죽을 식혀서 반죽과 유지를 같은 굳기로 만들어야 한다. 따라서 필연적으로 반죽을 냉장 발효하게 되는 것이다.

리치 타입의 반죽은 달걀과 설탕을 많이 배합하기 때문에 빵 반죽이 끈적끈적해지는 면이 있다. 또 보통은 유지도 많이 배합되어 있으므로 반죽 온도가 높아지면 유지가 부드러워져 반죽을 다루기 어려워진다. 그러한 점들을 개선하기 위해 반죽을 냉장해서 작업성을 높이는 것이 첫 번째 목적이다.

저온 장시간 발효법은 반죽을 저온으로 장시간 발효 숙성시키기 때문에 반죽의 수화 상태가 좋고 신장성이 뛰어난 글루텐이 된다는 특징이 있다.

참고로 반죽의 발효 온도는 5~10℃, 시간은 2~24시간 정도다. 반죽의 발효 온도가 4℃ 전후에 가까워질수록 이스트 활성이 떨어지고 반죽의 발효 속도가 느려진다.

한편으로는 발효산물(탄산가스, 알코올, 유기산류)도 천천히 생산되기 때문에 풍미 성분을 조절하기 쉽다는 이점도 있다.

최근에는 리치 타입 빵의 개성을 살리기 위해 부소재의 맛과 풍미를 강조하는 경향이 있다. 그 방법으로는

① 빵 반죽의 믹싱을 줄여서 글루텐 조직 발달을 억제한다. 이렇게 하면 반죽이 덜 팽창해서 빵의 밀도가 올라가, 풍미와 맛을 강조할 수 있게 된다.

② 반죽 믹싱을 충분히 하지 않아 반죽의 산화를 억제(글루텐 조직이 강화되지 않는다)하여 식감이 가벼운 빵을 만든다.

③ 빵 반죽의 발효를 억제함으로써 이스트가 부산하는 향미 성분 함유량을 한정해 부소재의 맛과 풍미를 살린다.

등이 있다.

이렇게 생각하면 저온 장시간 발효법은 리치 타입 빵의 특성을 살리는 데 무척 효과적인 제법인 셈이다. 다만 주의해야 할 점은 아무리 저온 발효라도 2~3일씩 두면 이스트 발효 부산물의 영향을 지나치게 받아 빵의 풍미를 해칠 수 있다는 사실이다.

이 제법은 이름대로 Poolish에서 유래했으며 19세기 초에 폴란드에서 탄생했다. 그 후 오스트리아 빈을 거쳐 파리의 빵집에 전해졌다고 한다. 그리고 19세기 후반부터 20세기 초까지 바게트 등 프랑스빵의 주류 제법이 되었다.

액종법은 굳이 비교하자면 중종법보다 역사적으로 오래되었다. 먼저 쓸 밀가루의 일부를 미리 물, 이스트와 섞어서 끈적끈적한 페이스트 상태의 발효종을 만든다. 중종은 밀가루가 베이스가 되는 반면 액종은 물이 베이스다. 즉 밀가루 양의 비율은 중종 쪽이 더 많고, 물 양의 비율은 액종 쪽이 더 많은 것이다. 일반적으로 액종에 들어가는 밀가루는 전체 사용량의 20~40% 정도이며, 밀가루와 같은 양의 물을 넣는다. 그 원리와 제조 공정은 중종법과 같다(84쪽 참고).

〈액종의 배합 및 발효 조건〉

밀가루	20~50%
(이하 사용하는 밀가루 100% 대비)	
물	액종에 들어가는 밀가루와 같은 양
식염	0~0.5%
이스트	0.2~2.0%
*반죽 온도	25℃ 전후
*발효 시간	2~24시간

액종은 물이 많고 종반죽이 부드러워 발효와 숙성이 빠르기 때문에, 가장 짧게는 2시간 정도만 발효하면 사용 가능하다. 이때는 이스트의 첨가량을 최대치인 2.0%로 하기 바란다. 또 이스트의 발효를 억제하는 식염은 넣지 않거나 혹은 최대한 적게 넣는 편이 좋다.

발효 시간을 24시간까지 늘릴 때는 기본적으로 최대한 이스트 사용량을 줄이고, 식염 첨가량을 늘린다. 발효실은 저온으로 하거나 또는 냉장고에 넣는 편이 좋다. 이렇게 하면 발효 속도를 늦춰 발효산물의 생산량을 조정할 수 있다. 발효 과다가 되면 산미와 알코올취가 너무 심해지기 때문이다.

액종의 발효 시간은 일단 24시간을 기준으로 하지만, 딱히 명확하게 정해진 것은 아니다. 다만 발효 시간이 길어질수록 발효산물 함유량이 많아져 빵의 풍미 등이 나빠진다는 것은 이미 앞에서 말한 바와 같다.

또 몰트 시럽과 이스트 푸드를 첨가할 때는 중종법과 마찬가지로 액종 믹싱 때 넣기 바란다.

액종은 프랑스빵 등 린 타입의 빵 만들기에 응용되어왔다. 린 타입 반죽은 글루텐이 분리되지 않도록 저속으로 단시간 믹싱하는데, 이 액종법은 종반죽이 부드럽기 때문에 반죽에 손상을 주지 않고 믹싱 시간의 연장과 고속 믹싱이 가능하다. 그 결과, 린 타입이라도 폭신하고 볼륨감 있는 빵을 구울 수 있게 되었다.

또 한 가지 장점은 조작의 간편성과 발효 관리의 넓은 허용 범위이다. 앞에서 말했듯 빨리 발효시킬 수도, 천천히 발효시킬 수도 있는 것 역시 그 일례다. 바꿔 말하면 전체적인 작업 자체에 유연성이 있기 때문에 빵을 실패할 확률이 줄어든다고 할 수 있다.

PART 03

공정

•노릇노릇 먹음직스러운 베이글

계량하다 100 / 합하다.치대다.밀고 접다 110 / 발효-1차 발효.펀치.분할.둥글리기.벤치 타임 128 / 굽기 151

빵 반죽의 적절한 온도 관리

'제빵은 그날의 기온 측정에서부터 시작된다'라는 말이 있는데 왜 그런가요?

제빵에서 제일 중요한 점은 일단 좋은 반죽을 만드는 것이고, 또 그 반죽을 잘 발효시키는 것이다. 이러한 상태를 컨트롤하는 첫 번째 요인이 바로 '온도'다.

빵은 온도에 민감한 이스트라는 생물의 힘을 빌려 팽창한다. 따라서 빵 반죽의 온도와 발효실의 온도가 무척 중요한 포인트다. 반죽의 온도가 지나치게 낮으면 발효가 되지 않고, 반대로 지나치게 높으면 발효가 너무 잘되다 못해 폭주하여 다운되어 버리고 만다. 여름철의 빵 공장은 실내 온도가 높아 반죽 발효가 빠르고, 겨울철에는 실내 온도가 낮아 반죽 발효가 느려진다.

빵 반죽의 발효와 팽창은 주로 이스트가 생산하는 탄산가스의 양으로 결정되는데, 온도가 높으면 이스트가 더 잘 활성화하여 탄산가스 생산량이 늘어나고, 온도가 낮으면 탄산가스 생산량이 줄어든다. 그래서 적절한 빵 반죽의 관리란 바꿔 말하면 적절한 빵 반죽의 온도 관리라고 할 수 있다.

온도 관리를 잘하려면 우선 그날 기온을 잘 알아야 한다. 그래야 반죽에 들어가는 물의 온도가 정해져서 반죽의 온도를 알맞게 할 수 있다.

제빵용 온도계

<u>제빵에는 어떤 온도계를 쓰는 것이 좋을까요?</u>

빵을 만들 때 온도계를 사용하는 이유는 다음과 같다.

① 실내, 공장 내의 기온을 알기 위해
② 가루와 물 등 반죽 재료의 온도를 측정하기 위해
③ 반죽할 때, 발효할 때 반죽 온도를 알기 위해

어떤 경우든 0℃에서 50℃ 사이에 있기 때문에 홈베이킹의 경우는 0℃에서 50℃ 또는 0℃에서 100℃까지 계측할 수 있는 유리막대 형태의 알코올 온도계면 충분하다. 하지만 리테일 베이커리 등에서는 센서 부분이 스테인리스로 된 어느 정도의 강도가 있는 디지털 온도계가 적당하다. 유리막대형 온도계는 깨지기 쉬운데 그 파편이 반죽에 들어갈 위험이 있기 때문이다. 또 실온에서는 일반적인 벽걸이형이나 탁상형 알코올 온도계도 충분히 그 역할을 해낼 수 있다.

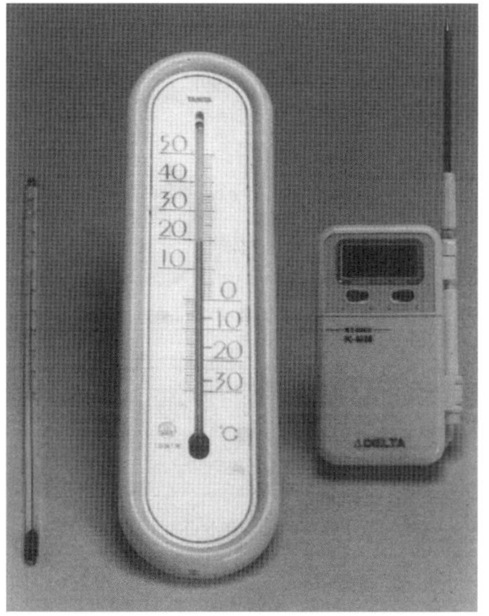

•왼쪽부터 알코올 온도계, 벽걸이형 온도계, 디지털 온도계

계량의 단위

재료의 분량은 보통 무게로 나타내는데, 왜 용적으로 재면 안 되나요?

용적은 부피고 무게는 질량이다. 어렸을 적 과학 시간에 "솜 1kg과 철 1kg 중 어느 쪽이 더 무거울까?"라는 문제를 본 기억이 있을 것이다. "솜 1kg과 철 1kg 중 어느 쪽의 부피가 클까?" 이 질문의 답은 솜이다. 철처럼 경도와 밀도가 높은 것은 그 부피를 간단히 바꿀 수 없는 반면 솜은 작은 압력만으로도 부피를 쉽게 바꿀 수 있어서 부피가 두 배로 커질 수도 절반으로 줄어들 수도 있다.

제빵 재료도 이와 같아서 모든 재료가 늘 같은 상태는 아니기 때문에 무게 단위로 계산한다. 이를테면 꾹꾹 눌러 담은 밀가루 1ℓ와 여유 있게 담은 밀가루 1ℓ는 무게에 차이가 있다. 같은 현상이 설탕과 소금 등에도 일어난다. 다만 물은 1㎖=1g으로 정해져 있기 때문에 부피로 계량하는 것도 가능하다.

제빵용 계량기

제빵 재료의 계량과 반죽 분할에 쓰는 저울의 종류에는 어떤 것들이 있나요?

'저울'은 물질의 무게를 계량하기 위한 기구다. 원래는 ㎎ 단위인 몹시 가벼운 것

•왼쪽부터 전자저울, 스프링저울, 대저울

에서부터 몇 톤에 이르는 몹시 무거운 것까지, 그 무게에 적합한 구조와 감도를 지닌 저울을 각각 사용해야 한다. 하지만 실제로 가정이나 소규모 제과점에서는 그렇게 다양한 종류의 저울을 다 갖추기 어렵다.

가정에서는 1㎏까지 잴 수 있는 스프링저울과 계량스푼을 써서 재료를 계량한다. 이 경우 정확한 계량은 아니기 때문에 다소 오차가 발생하는 것은 어쩔 수 없다.

리테일 베이커리의 경우는 적어도 3~4 종류의 저울을 갖춰야 한다. 우선 가루와 물을 측량하기 위한 5~10㎏짜리 스프링저울, 소금과 이스트 푸드와 각종 개량제 등 미량(1g 단위)의 재료를 계량할 수 있는 전자저울 또는 1~5g짜리 윗접시 저울, 반죽 분할용으로는 1~1,000g 정도의 대저울 등이 필요하다.

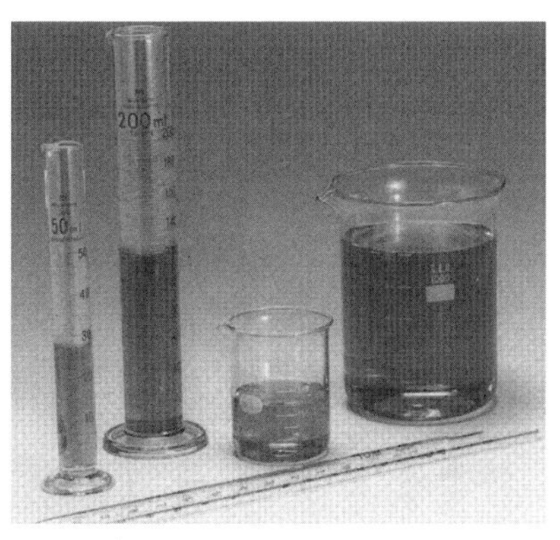

•왼쪽부터 메스실린더(50㎖), 메스실린더(200㎖), 비커(200㎖), 비커(1,000㎖), 아래: 메스 피펫 2종

그밖에도 액체류를 잴 때는 플라스틱으로 된 메스실린더(50, 100, 500,

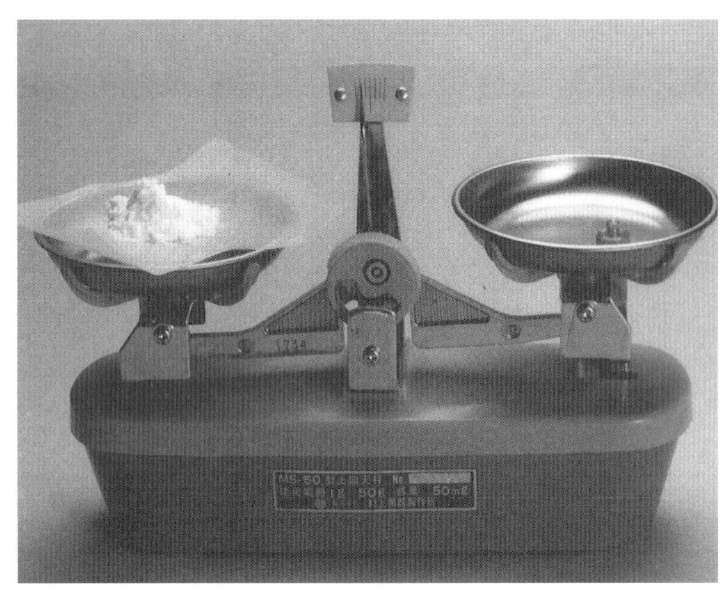

•미량을 잴 때는 윗접시 저울을 사용한다

1,000㎖)가 있으면 편리하다. 액체의 비중도 그렇지만 기본적으로 1㎖=1g이라고 생각하면 부피로 계량하는 것도 작업의 간편화에 도움이 된다.

베이커스 퍼센트

빵 배합표에 단위가 나와 있지 않은 이유는 무엇인가요?

이때는 베이커스 퍼센트(Baker's percent, %)로 표기한다. 베이커스 퍼센트란 과연 무엇일까?

빵을 만들 때는 우선 각 재료의 분량 배합부터 시작한다. 배합을 표시할 때는 백분율(%)을 쓰는데 이를 베이커스 퍼센트라고 부른다. 다만 베이커스 퍼센트는 일반적인 백분율과 조금 차이가 있어서, 재료의 총합계량을 100%로 하는 것이 아니라 그중에 밀가루의 양을 100%로 하고 나머지 재료(설탕, 소금, 이스트, 물 등)를 밀가루에 대한 비율로 나타내는 방법이다. 따라서 각 재료의 합계는 100%를 넘어야 정상이다.

왜 이런 방법을 쓰게 되었는가 하면 배합할 때 밀가루의 양이 가장 많아 기준으로 삼기에 적합하기 때문이다.

식빵 배합표로 예를 들면 아래와 같다.

식빵 (1㎏)

강력분	100.0%	1,000g(1㎏)
설탕	5.0%	50g
식염	2.0%	20g
탈지분유	3.0%	30g
버터	4.0%	40g
이스트	2.0%	20g
개량제	0.1%	1g
물	70.0%	700g
합계	**186.1%**	**1861g**

배합표에서 식빵(1kg)이라는 표시는 밀가루 1kg으로 반죽을 만든다는 뜻이다. 나머지 재료는 밀가루에 대한 퍼센트 표시이므로 설탕은 밀가루 1,000g에 대해 그 5%에 해당하는 분량을 사용한다. 즉 1,000g×0.05=50g이다. 다른 재료도 이와 같이 계산한다.

왜 이 방법이 제빵에 적합할까? 그 이유는 밀가루를 기준으로 삼고 모든 재료를 퍼센트로 나타내면 반죽의 양이 적든 많든 간단한 곱셈만으로 모든 분량의 값을 알아낼 수 있기 때문이다.

참고로 베이커스 퍼센트는 국제 표기로 확립되어 있다.

파트 퍼 밀리언(ppm)

프랑스빵의 배합에 ppm이 있었는데 이것은 무슨 뜻인가요?

프랑스빵 배합표를 보면 다음과 같이 ppm이라는 단위를 찾아볼 수 있다.

프랑스빵용 가루	100.0%	3,000g
식염	2.0%	60g
드라이이스트	0.8%	24g
몰트 시럽	0.3%	9g
비타민 C	10ppm	(1%용액)3cc
물	68.0%	2040g

먼저 비타민 C 10ppm 사용이라고 되어 있는데, 이것은 가루 총량에 대한 상댓값이다. ppm은 영어 parts per million의 약자로, 해석하 면 백만 당 얼마에 해당하는지를 뜻한다. 이 경우에는 사용할 가루의 총량에 대한 백만분의 10에 해당하는 비타민 C를 사용하는 셈이다.

가루 3,000g에 대해 비타민 C가 10ppm이라 고 되어 있으므로 0.03g이다. 계산식은 다음과 같다.

$$3000g \times \frac{10}{1,000,000} = \frac{3}{100}g$$

그런데 비타민 C는 보통 분말이다. 일반 제빵 공장에서는 0.03g을 계량하기가 조금 곤란하다. 그 정도의 미량을 측량할 수 있는 계량기는 무척 비싸고, 정교한 만큼 진동 등에 몹시 민감해서 실제로는 연구실이 아니고서야 좀처럼 쓰지 않기 때문이다.

그럼 0.03g은 어떤 방법으로 계량하면 좋을까? 먼저 1~2g의 비타민 C 분말을 계량한다. 비타민 C 분말은 물에 녹으므로 그 성질을 이용해서 희석(어떤 용질을 어떤 용매에 녹여 묽게 만드는 것)하는 것이다. 요컨대 묽게 만들어 부피를 키우는 방식으로 측량한다. 비타민 C 1g을 물 99cc에 녹이면 1%의 비타민 C 용액이 만들어진다. 반대로 생각하면 비타민 C 1g의 볼륨이 100배로 커진 것이다. %용액을 구하는 방법은 다음 페이지와 같다.

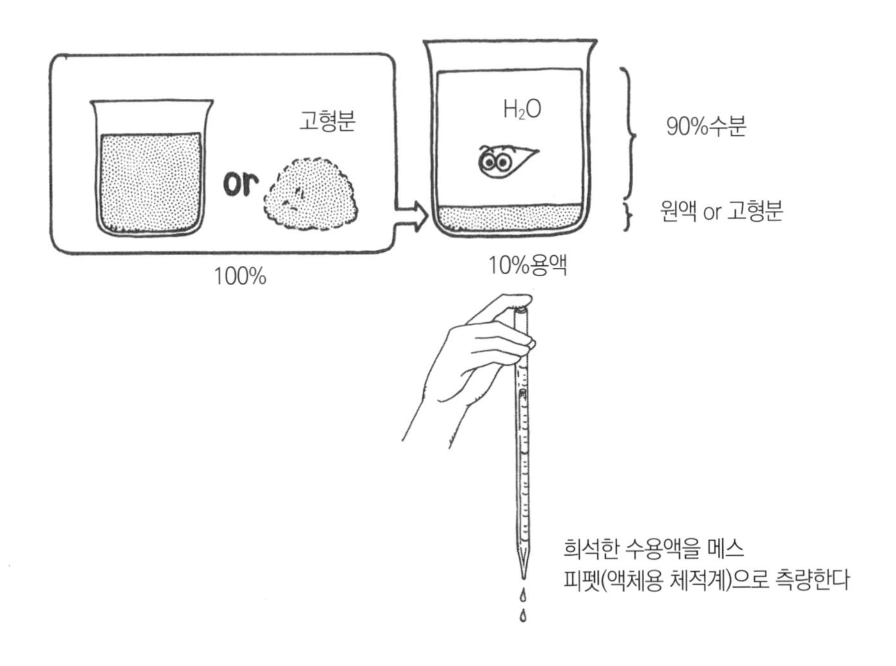

$$\%\text{용액} = \frac{\text{용질(녹는 물질)}}{\text{용질+용매(녹이는 액채)}}$$

$$\text{1\%의 비타민 C 용액} = \frac{\text{비타민 C 1g}}{\text{비타민 C 1g+물 99g}}$$

$$= \frac{1}{100} = 0.01 = 1\%$$

여기에 비타민 C 용액 1%가 100cc 있다고 하자. 그 비타민 C 용액 100cc 속에는 비타민 C가 1g 녹아 있는 것이다. 이 용액 1cc 속에는 100분의 1g(0.01g)에 해당하는 비타민 C가 녹아 있다.

이를 앞에 나온 배합에 대입하면 1%용액 3cc를 쓸 경우 0.03g의 비타민 C를 얻을 수 있다. 이것이 가루의 총 무게 3,000g에 대한 10ppm에 해당한다. 1~10cc(㎖) 정도는 메스 피펫으로, 10cc 이상은 메스실린더를 이용하면 된다.

지금까지의 내용을 순서대로 정리해보면 다음과 같다.

① 사용할 가루의 총 무게에 대한 ppm으로 표시된 재료의 무게를 계산한다.
② 자신이 가진 계량기로 계량 가능한 무게인지 판단한다.
③ 그런 다음, 희석할 필요가 있으면 계량 가능한 최소량의 용질을 물에 녹여 수용액을 만든다.
④ 필요한 분량이 용해된 수용액을 메스 피펫으로 측량한다. ③의 수용액을 만들 때는 그 농도(%용액)를 적어도 메스 피펫으로 1cc 이상 계량할 수 있도록 조정하는 것이 중요하다.

미량의 분말을 계량하는 비결-사분할법

이스트 푸드 1g은 어떻게 해야 쉽게 계량할 수 있나요?

빵을 만들다 보면 극소량의 이스트 푸드를 계량해야 할 때가 있다. 예컨대 1~2g의 이스트 푸드를 계량하기 위해 1g부터 1㎏까지 잴 수 있는 저울을 사용한다고 가정해 보자. 이 저울의 최소 눈금은 1g이지만 실제로 분말 상태의 이스트 푸드 1g을 윗접시에 올리면 저울대가 자꾸 흔들려서 눈금을 확인하기 어렵다. 이럴 때는 사분할법을 쓰면 1g을 쉽게 잴 수 있다.

1g을 재고 싶으면 먼저 그 4배인 4g을 저울로 잰다. 그 이스트 푸드를 종이 위에 놓고 끝이 날카로운 주걱(스테인리스제 팔레트 나이프 같은 것)으로 사등분하는 것이다. 사분의 일로 나눈 그 한 덩이가 거의 1g에 해당한다.

이 방법은 언뜻 보기에 비과학적인 듯하지만, 의외로 사람의 오감은 정확한 법이다.

〈1g이라는 미량의 분말을 측량하기〉

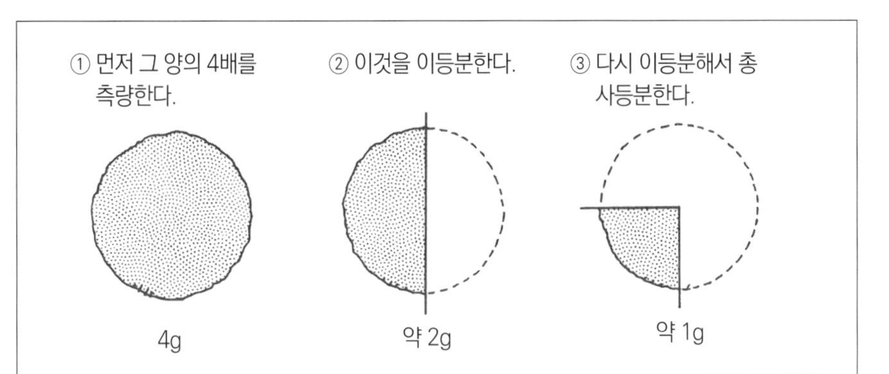

반죽 온도

실패 없이 빵을 만드는 포인트는 무엇인가요?

빵을 만드는 비법은 반죽 발효를 순조롭게 하고 적절한 타이밍으로 작업을 진행해나가는 데 있다. 그러려면 반죽 온도와 발효 시간의 상관관계를 잘 이해해야 한다. 반죽 온도가 높을수록 발효 시간은 짧아지고, 반죽 온도가 낮을수록 발효 시간은 길어진다. 제빵 공정을 관리하는 포인트는 반죽 온도라고 말해도 과언이 아닌 셈이다.

　빵 반죽의 온도를 늘 똑같이 하는 것은 무척 힘든 일이다. 특히 소규모 리테일 베이커리에서는 사시사철 실내 온도와 반죽에 들어가는 물의 온도가 큰 폭으로

•반죽 온도 측정법

달라지기 때문에 목표 온도를 정확하게 관리하기란 불가능하다고 봐도 무방하다. 적어도 반죽 온도를 ±2℃ 정도로 조절하는 것. 일단은 이것이 중요하다. 반죽 온도의 변동 폭을 이 정도 범위로 좁히면 발효 시간도 5~10분 정도의 변동 폭으로 좁힐 수 있다.

예를 들어 생각해보자. 반죽 온도를 28℃, 발효 시간을 60분간, 펀치(가스 빼기) 후 30분간으로 설정했을 경우 가령 실제 반죽 온도가 26℃였다고 하는 것이다. 이 -2℃라는 온도차는 같은 조건 아래에서 발효시켰을 경우 70분간 펀치 후 30분 정도까지 발효 시간을 늘리면 충분히 회복 가능하다. 설령 -2℃라는 온도차 그대로 두고 설정한 대로 발효시켰다고 하더라도 반죽의 미성숙은 그리 심하지 않을 것이다. 충분히 허용 범위에 드는 빵이 나올 수 있다.

특히 반죽 발효기 설비를 충분히 갖춰두지 않았다면 실온에서 발효시켜야 한다. 앞에서도 말했듯이 이는 무척 어려운 일인데, 실온에서 발효시키려면 우선 매일 쓰는 물의 온도와 반죽 온도를 기록하고 그 기록으로 알 수 있는 물 온도와 반

죽 온도의 상관관계를 근거로 삼아 매일 반죽할 때 참고해야 한다. 바쁘게 작업하는 틈틈이 기록해야 하니 번거롭겠지만, 하루 작업 공정에 차질이 생기지 않는 데 큰 도움이 될 것이 분명하다.

제빵용 작업대

빵 반죽에 적합한 작업대에는 어떤 재질이 있나요?

일반적으로 스테인리스, 플라스틱, 목재 등의 작업대가 있는데 반죽할 때 가장 적합한 것은 역시 나무로 된 작업대다. 최근에는 나왕(Lauan)을 붙여서 만든 것이 많으며, 두께도 5㎝ 정도가 주류를 이루고 있다. 두께가 얇으면 흡습과 건조가 반복되면서 휘거나 갈라지기 쉬우니 최대한 두꺼운 작업대를 권장한다.

목재는 스테인리스에 비해 열전도율이 낮기 때문에 기온 변화에 별로 좌우되지 않고 플라스틱과 비교해도 반죽이 잘 미끄러지지 않는다는 장점이 있다.

그래서 예부터 빵 반죽에 적합한 면대(작업대)로 빵 장인들이 선호해왔고, 오늘

•나무로 된 작업대

날에는 면적당 가장 비싼 재질이 되고 말았다. 이상적으로는 두께 7~8㎝ 정도의 단단하고 잘 휘지 않는 삼나무나 노송나무 통판이 좋은데, 이러한 작업대는 비싸기도 하지만 돈이 있어도 구하기 힘들다.

제빵용 믹서

믹서는 어떤 종류를 갖추어야 하나요?

일반 가정에서는 각 제조회사에서 출시한 자동제빵기나 반죽 니더(반죽기)를 쓰는 수밖에 없다. 어쨌든 500g 정도밖에 반죽할 수 없기 때문에 손반죽을 해도 좋지만, 리테일 베이커리는 다루는 양이 많기 때문에 업무용 기종도 각 빵 반죽의 특성에 따라 선별할 수 있게 되었다.

유럽 스타일인 린 타입의 딱딱한 빵 반죽은 글루텐이 너무 나오지 않도록 저속을 중심으로 한 슬란트 믹서나 스파이럴 믹서가 적합하고, 강력한 믹싱이 필요한 리치 타입의 빵 반죽에는 만능 스타일인 수직형 믹서가 편하다.

또 한 번에 한 봉지(약 25㎏) 이상 반죽해야 한다면 수평형 믹서가 그 성능과 수

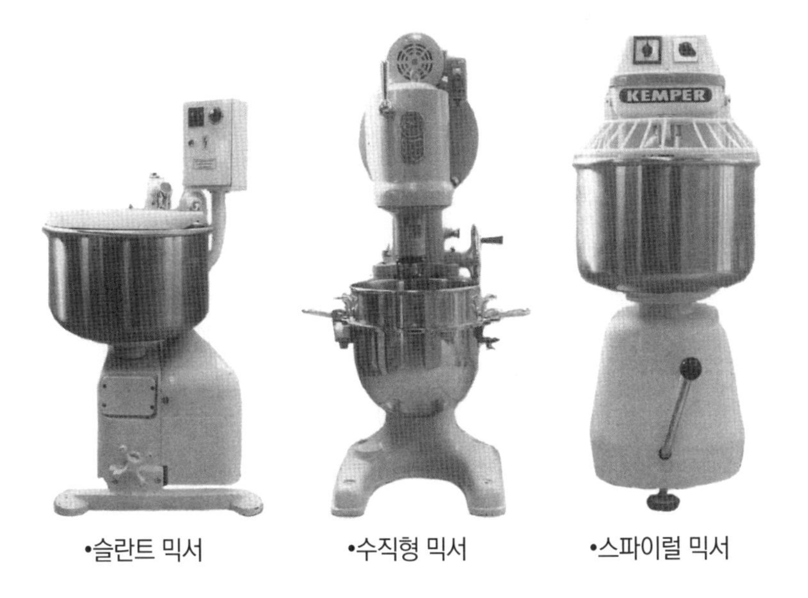

•슬란트 믹서 •수직형 믹서 •스파이럴 믹서

용 공간이라는 점에서 볼 때 추천할 만하다.

일반적인 리테일 베이커리에서는 만능 타입인 수직형 믹서를 일단 한 대 그리고 작업 공간에 여유가 있고 유럽 타입의 빵 생산도 고려한다면 스파이럴 믹서까지 갖춰두면 좋다.

또 크림과 필링용 소형 탁상 믹서도 한 대 있으면 독자적으로 크림과 필링을 만들 수 있다.

※ 20ℓ 용량의 믹싱 볼의 경우 일반적으로 가루 0.5~3.0㎏까지의 반죽을 믹싱할 수 있다. 1ℓ 용량의 믹싱 볼이라면 생크림 200cc~1.2ℓ 정도를 거품 낼 수 있다.

믹서 기종의 적절한 선별

왜 빵의 종류에 따라 믹서 기종을 바꿔야 하나요?

반죽에 쓰이는 믹서에는 수직형 믹서, 수평형 믹서, 스파이럴 믹서, 슬란트 믹서 등이 있다.

예를 들어 단과자빵을 반죽할 때는 수직형 믹서나 수평형 믹서를 쓴다. 일반적으로 단과자빵은 부드럽고 폭신폭신 볼륨감이 있다. 그래서 반죽도 부드럽고 잘 늘어나도록 해야 한다.

반죽을 부드럽게 하려면 수분이 많아야 하고, 신장성(길게 늘어나는 성질)있는 반죽으로 만들려면 믹싱 때 반죽 속 글루텐을 충분히 이끌어내 강화해야 한다. 그래서 고속 믹싱으로 반죽을 믹싱 볼에 대고 치면서 글루텐을 자극해 탄력과 가소성(형태가 바뀌고 나면 다시 본래의 모양으로 돌아가지 않는 성질-역주)을 만들어내는 것이다.

이를 가능하게 하려면 구조상 고속 믹싱이 되는 수직형 믹서나 수평형 믹서를 써야 한다.

반면 프랑스빵 등 린 타입의 딱딱한 빵은 폭신폭신하기보다는 묵직하고 씹는 맛이 있어야 한다. 따라서 반죽이 단단하고, 단과자빵 반죽과 비교했을 때 신장성도 없다. 당연히 딱딱한 반죽을 저속 믹싱한다.

그러니 믹서 기종은 강하게 때리는 타입보다 반죽을 치대고 주무르는 타입, 즉 슬란트 믹서나 스파이럴 믹서가 적합하다.

믹서의 회전수 조절

수직형 믹서만 가지고 있는데 이것으로도 프랑스빵 반죽이 가능한가요?

반죽의 성질 차이에 따라 사용하는 믹서를 구분해 쓰는 것이 가장 이상적이지만, 대부분의 리테일 베이커리에서는 여러 믹서를 다 갖추기 어려운 것이 현실이다. 실제로는 수직형 믹서도 겨우 한 대 갖고 있지는 않은가?

만약 이런 상황에서 수직형 믹서를 효과적으로 쓰고 싶다면 믹서 기어의 회전비를 조정하면 된다. 수직형 믹서는 비교적 회전비가 높은 기종으로 단과자빵이나 식빵 등의 반죽에 적합한 반면, 프랑스빵으로 대표되는 린 타입의 딱딱한 빵 반죽 믹싱은 저속이 적합하다.

따라서 수직형 믹서의 회전수 범위를 더욱 넓히는 방법, 쉽게 말해서 저속을 더 저속으로 고속을 더 고속으로 설정하여 저속 중심의 믹싱이 필요한 빵 반죽과 고속 중심의 믹싱이 필요한 빵 반죽을 믹서 한 대로 대응할 수 있게 조정하는 것이다.

현재 빵용 믹서는 대부분 3~4단 변속으로 사용할 수 있는데, 그 rpm(1분당 회전수)이 최소 100rpm을 넘는 규격이 대부분을 차지한다. 하지만 프랑스빵 등 린 타입의 딱딱한 빵은 회전수가 70~80rpm 정도여야 살짝 딱딱한 반죽의 글루텐 조직을 그리 강화하지 않고 믹싱을 완료할 수 있다.

변속별 모델들을 표로 소개해두었다. 다만 빵 반죽 전용 믹서로 한정했다.

변속별 모델 회전수

변속	rpm(회전수/분)
1속(저속)	70~80rpm
2속(중저속)	100~110rpm
3속(중고속)	170~180rpm
4속(고속)	300~310rpm

이 표를 간단히 설명하면 1속, 2속의 회전수를 조정해서 떨어트렸다. 이렇게 하면 린 타입의 딱딱한 빵 반죽을 무리 없이 할 수 있다. 또 3속, 4속은 회전수를 올린 것이어서 리치 타입의 부드러운 빵 반죽에 적합하다. 또 빵 반죽은 아무리 강력한 믹싱이 필요하다 해도 최고 300~350rpm 정도면 충분하다. 빵 반죽의 물리적 내성에서 볼 때, 그보다 더 고속 회전은 너무 부담이 심해 반죽을 치기가 어려워진다.

한편 믹서를 새로 살 때는 각 제품마다 미리 상담하는 것이 좋다. 아마 주문 제작이 가능할 것이다. 또 현재 가진 믹서도 모터의 풀리를 교체해 전체적인 기어 비율을 높이거나 낮추는 식으로 개량할 수 있다.

믹싱 속도와 시간

빵의 종류에 따라 믹싱 속도와 시간이 다른 이유는 무엇인가요?

빵에는 부드러운 빵, 딱딱한 빵, 볼륨이 있는 빵과 없는 빵, 리치 타입의 빵과 린 타입의 빵 등 종류가 정말 많다. 충분히 믹싱해야 하는 반죽과 그렇지 않은 반죽, 느긋하게 저속 중심으로 믹싱해야 하는 반죽과 고속 중심으로 세게 믹싱해야 하는 반죽 등 각 빵의 개성에 따라 반죽법도 다르다.

부드럽고 볼륨감 있는 리치 타입 빵을 만들고 싶다면 시간을 길게 고속으로 충분히 믹싱하는 것이 좋다. 글루텐의 그물망 구조를 더 촘촘하고 튼튼하게 만들어 탄력성을 충분히 이끌어내고 잘 늘어나는 반죽을 만드는 것이 중요하다. 이렇게 해서 구우면 푹신푹신한 빵이 나온다.

반대로 린 타입의 딱딱한 빵은 묵직한 식감과 풍미를 남기기 위하여 볼륨을 별로 키우지 않는다. 그래서 살짝 딱딱하게 된 반죽을 천천히 믹싱하고, 글루텐의 신장성도 클린업 단계가 끝난 정도로 한다. 그 대신, 약간 끈적하게 된 반죽의 숙성을 긴 발효 시간으로 보완한다.

항상 잘 늘어나게(신장성) 반죽하는 것이 모든 빵에 있어서 꼭 능사는 아니다. 제품의 특징을 잘 생각하면서 믹싱 내용과 시간을 결정하는 것이 중요하다.

한편 반죽을 완성하기까지 크게 나누면 다음 세 단계와 같다.

① **픽업 단계**(Pick-up Stage)

영어로 Pick-up은 제빵의 경우 가루가 물기를 흡수한다는 의미로, 배합 중인 밀가루를 중심으로 한 가루기가 물을 중심으로 한 수분을 흡수하여 반죽 덩어리가 되는 단계다. 글루텐의 형성은 별로 보이지 않는다. 보통 수직형 믹서를 써서 저속으로 2~3분 정도 믹싱한다. 반죽을 잡아당기면 뚝 끊기는 상태로 반죽 표면도 끈적끈적하다.

픽업 단계 때 물이 지닌 주요 특성을 몇 가지 알아보자.

- 설탕, 소금 등 수용성 유기화합물을 용해한다.
- 밀가루 속 단백질(주로 글루테닌과 글리아딘)에 흡수되어 글루텐 형성의 기초가 된다.
- 밀가루 속 전분 입자에 흡수되어 반죽의 골격이 되는 부분을 만든다.

② **클린업 단계**(Clean-up Stage)

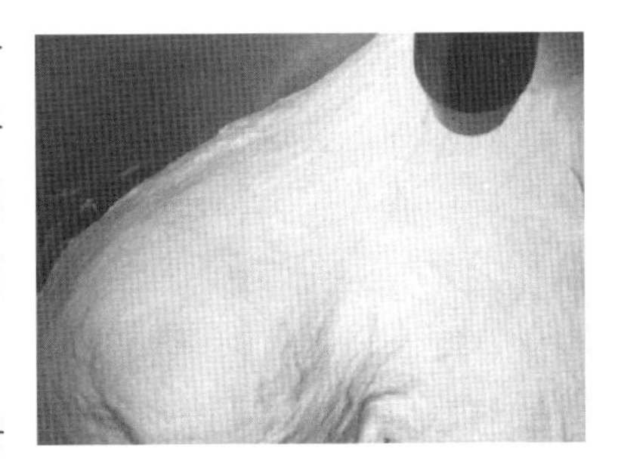

Clean-up이란 반죽의 표면에 뜬 상태로 붙어 있던 물 분자(미소한 물방울)가 반죽에 흡수되어 사라지는 것을 뜻한다. 그 결과, 끈적거리던 반죽 표면이 미끈미끈해진다. 여기까지가 클린업 단계다.

또 이 단계에서 글루텐의 형성이 보이는데, 신장성과 가소성은 아직 부족한 상태다.

수직형 믹서를 사용할 경우, 통상적으로 저속에서 중속까지 변속해서 5~6분간 믹싱한다.

유지를 첨가하는 반죽이라면 유지를 넣기 전에 클린업을 끝내는 것이 좋다. 왜냐하면 반죽 속에 따로 떨어져 있던 물(물 분자가 독립적으로 존재하는 상태)이 많으면 물과 유지가 서로를 밀어내서 끈적끈적한 반죽이 되기 쉽기 때문이다.

③ 발전 단계(Development Stage)

발전 단계는 반죽의 완성을 뜻한다.

반죽의 수화가 충분히 진행되고 글루텐도 발달해서 그물망 구조 조직이 완성되는 단계다.

반죽은 충분히 탄력성 있으며 반죽 표면은 미끈미끈 광택이 나고 부드러운 반죽의 경우 일부를 떼어 천천히 밀어 펼치면 손가락 지문이 다 보일 정도로 얇은 막이 된다.

보통 고속 믹싱한다. 반죽을 믹싱 볼에 잘 치대서 반죽 속 글루텐을 자극해 탄력성이 늘어난다. 일반적으로 그 탄력성이 절정을 맞이하는 시기가 그 반죽의 최종 단계(Final Development)다.

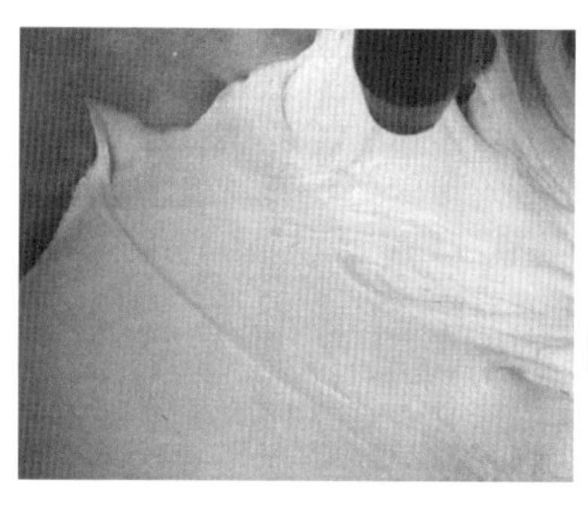
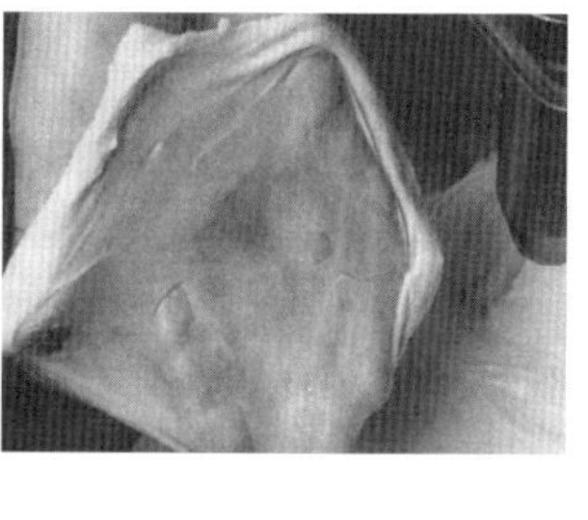

이후로 믹싱을 계속하면 글루텐의 탄력성이 점점 떨어지기 시작하며 반죽이 끈적해지는 렛 다운 단계(Let-down Stage)가 된다.

거기서 더 계속하면 반죽이 흐물흐물해져서 손에 쥐는 것조차 힘들어진다. 이를 파괴 단계(Break-down Stage)라고 해서 반죽이 완전히 파괴된다. 다만 오해가 없도록 덧붙이자면 빵의 개성에 따라 반죽의 완성 정도도 달라지기 때문에 늘 손가락 지문이 비칠 정도까지 믹싱해야 하는 것은 아니다.

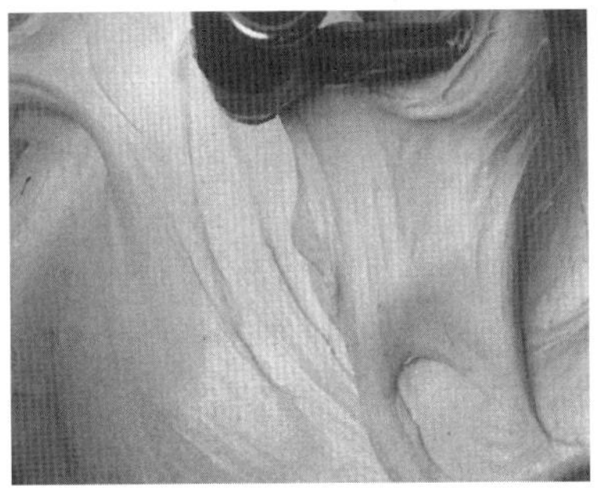
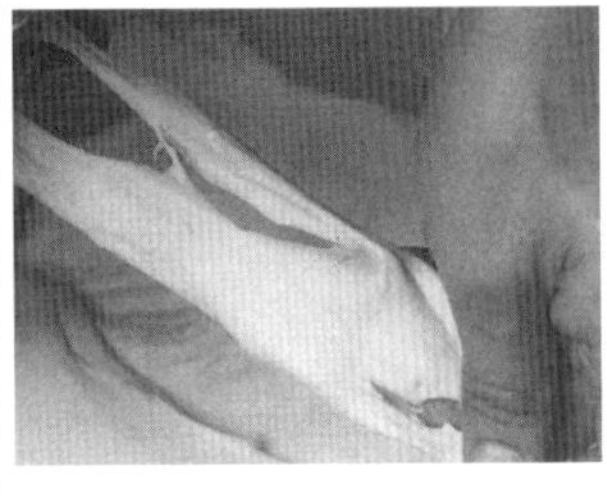

글루텐의 강화

반죽을 치댈 때 도마나 작업대에 내리치는 이유는 무엇인가요?

'반죽을 치댄다'라는 표현은 손반죽을 할 때 흔히 쓰는데, 빵을 반죽하는 방법을 표현한 것이다.

〈손반죽의 요령〉

❶ 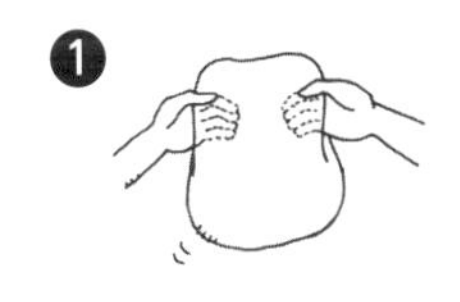
❷ 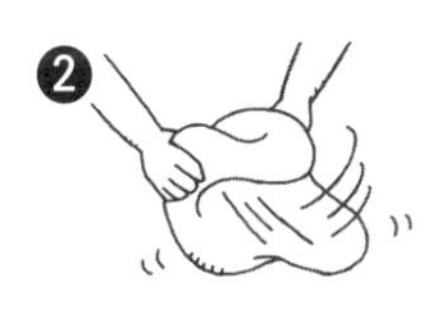
❸ 
❹ 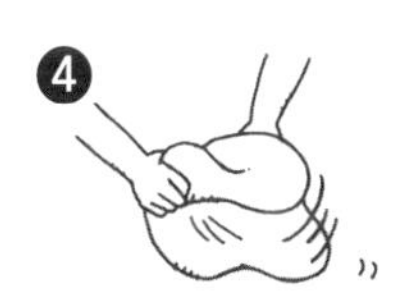

반죽을 완성하려면 손반죽을 하든 믹서를 쓰든 반죽 속 글루텐 조직을 강화하여 신장성을 키워야 한다. 작업대에 반죽을 탁탁 내리치면서 물리적인 힘을 가하면 글루텐 막의 그물 구조가 서서히 촘촘해지면서 신장성이 생긴다. 이렇게 글루텐 막이 완성되고 이스트가 생산하는 탄산가스를 저장할 수 있게 되었을 때 비로소 빵 반죽이 팽창하는 것이다.

손반죽을 할 경우 각 재료를 섞어 반죽한 다음 작업대에 대고 300~500회 정도 내리쳐야 한다. 꽤 힘든 작업이지만 단단히 쳐서 글루텐 조직을 강하게 할 필요가 있다. 이 과정을 통해 신장성이 뛰어난 반죽을 만들 수 있다.

〈빵 반죽 속 글루텐 막의 완성〉

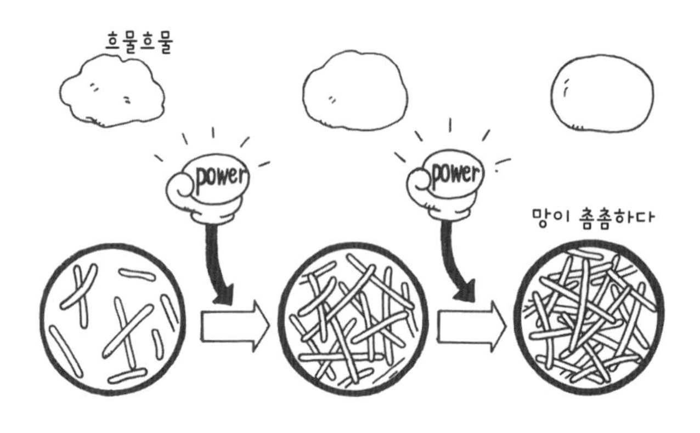

퀵 브레드 반죽법

<u>보통 빵은 밀가루를 잘 반죽해야 하는데 왜 퀵 브레드는 대충 가볍게 해야 하나요?</u>

퀵 브레드라고 부르는 빵은 원래 영국에서 탄생한 것으로, '아침에 제일 빨리 빵집에 진열되도록 짧은 시간 안에 만들 수 있는 빵'이라는 뜻에서 유래하였다.

일반적인 발효빵과 퀵 브레드의 큰 차이는 밀가루의 종류와 반죽 팽창제에 있다. 일반적인 발효빵은 강력분과 이스트를 써서 팽창하는 반면, 퀵 브레드는 박력분과 베이킹파우더를 쓴다.

퀵 브레드는 빵이라기보다 달지 않은 스펀지케이크에 가깝다. 그 원형은 아이리시 소다 브레드나 스콘같이 팽창제를 쓴 비스킷류라고 한다.

바삭바삭한 비스킷 타입의 퀵 브레드는 반죽할 때 끈적거리지 않도록 단백질이 적은 박력분을 사용한다.

〈글루텐의 비교〉

그리고 반죽 속 글루텐 조직을 끌어내지 않도록 재빨리 섞어 반죽이 어느 정도 되고 나면 글루텐이 최대한 나오지 않도록 반죽을 필요 이상으로 더 하지 않는다.

글루텐이 생기면 구울 때 열이 잘 가해지지 않아 크럼(속살)이 쫄깃쫄깃한 빵이 되어버리기 때문이다.

•재빨리 반죽하는 퀵 브레드 반죽

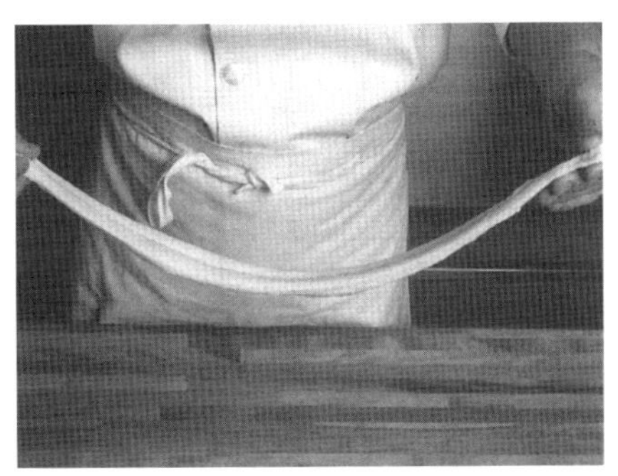

•글루텐을 충분히 만드는 발효빵 반죽

반죽의 신장성과 유지의 가소성

크루아상과 데니시 페이스트리의 반죽과 유지를 식힌 다음에 밀고 접는 이유는 무엇인가요?

크루아상, 데니시 페이스트리는 파이와 빵의 성질을 모두 가지고 있다. 바삭한 겉껍질(크러스트) 그리고 파이에는 없는 부드러움을 갖춘 속(크럼). 게다가 다 굽고 나면 파이처럼 층이 몇 겹씩 있다. 이러한 빵을 만들 때 특징은 딱딱한 이스트 반죽과 그 사이에 끼워 넣는 유지에 있다. 반죽과 유지를 교대로 겹쳐서 밀고 접는 방식인데, 반죽으로 유지를 감싸야 한다.

이때 반죽을 잘 식히고, 유지(여기서는 주로 버터)를 반죽과 같은 굳기에 같은 온도로 만드는 것이 포인트다. 반죽과 유지의 굳기와 온도를 조절하면 이후의 밀고 접는 작업이 적확하면서도 수월하게 이어진다. 즉, 반죽의 신장성과 유지의 가소성(힘을 가한 방향으로 형태를 바꾸는 성질)이 같은 수준이면 반죽이 늘어난 만큼 유지도 똑같이 잘 늘어나 균등하게 퍼진다.

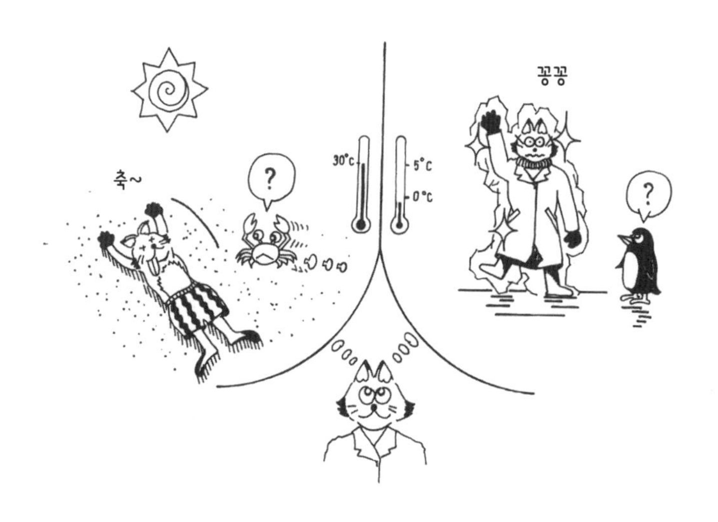

반죽을 접을 때 온도 관리

크루아상과 데니시 페이스트리의 층을 균등하게 부풀리려면 어떻게 해야 하나요?

완성된 빵의 층이 깔끔하길 바란다면 반죽을 밀고 접을 때 신속하면서도 정성을 들여야 한다. 파이 롤러를 쓸 경우 반죽을 같은 압력으로 균일한 두께로 밀 수 있지만, 반죽밀대를 써서 손으로 밀 경우에는 반죽의 두께를 균일하게 하려면 수고와 시간이 든다.

작업하는 곳의 온도가 냉장한 반죽과 유지의 온도와 같거나 낮다면 그리 문제되지 않지만 실제 현장을 항상 이상적인 온도로 유지하기란 힘든 법이다. 특히 여름철에는 실내 온도도 높아서 30~40℃가 될 때도 있다. 이런 환경에서 반죽을 밀고 접게 되면 불과 2~3분 만에 반죽 표면이 끈적거리게 되고, 끼워 넣은 유지가 너무 부드러워져서 작업성이 무척 나빠진다.

한편 반죽을 감싸거나 접을 때 반죽과 유지를 각각 최대한 같은 두께로 밀어야 한다. 반죽과 유지 층의 두께가 제각각이면 두꺼운 층과 얇은 층이 생기면서 층이 균일하게 부풀지 않기 때문이다.

접기형 반죽은 곧 온도 관리라고 해도 과언이 아니다. 유지의 가소성도 온도에 크게 좌우된다. 온도가 너무 낮으면 가소성이 나빠져서 띄엄띄엄 늘어나거나, 온도가 높으면 부드러워져서 반대로 너무 잘 늘어나 유지층이 얇아지고 결국은 같은 두께로 늘릴 수 없다.

한편 반죽을 반복해서 밀고 접는 사이사이에 냉장 휴지를 하는데 이는 글루텐의 신장성을 회복하고 탄력을 주기 위해서다. 이때 온도가 지나치게 높으면 반죽이 발효되어 버려서 다 구웠을 때 너무 말랑말랑해지거나 층이 고르게 나오지 않기도 한다.

요컨대 크루아상이나 데니시 페이스트리의 결이 잘 나올지 말지를 결정하는 주요인은 정확한 밀고 접기 기술과 반죽의 온도 관리에 있다.

참고로 층수와 밀고 접는 횟수의 관계는 53 쪽에 나오는 계산식으로 구할 수 있다.

〈반죽 밀고 접기〉

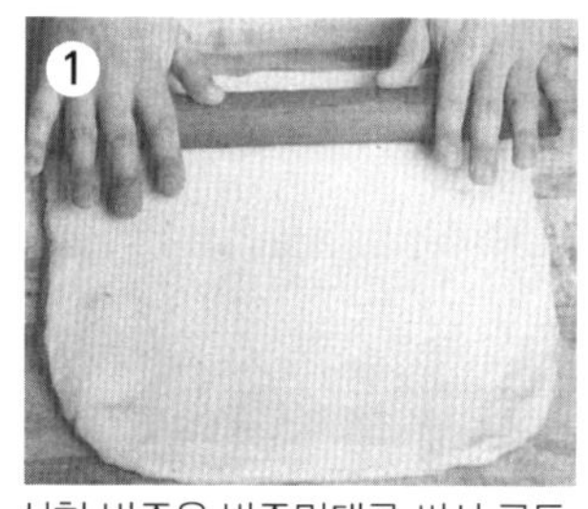

식힌 반죽을 반죽밀대를 써서 균등한 두께로 민다.

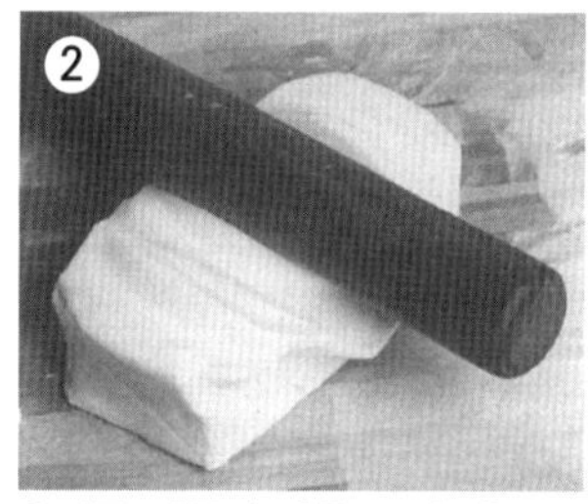

유지를 반죽과 같은 굳기, 온도로 만든다.

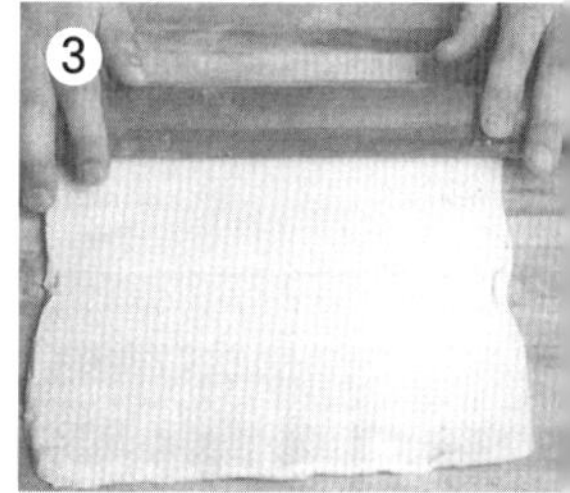

유지를 반죽밀대를 써서 균등한 두께로 만든다.

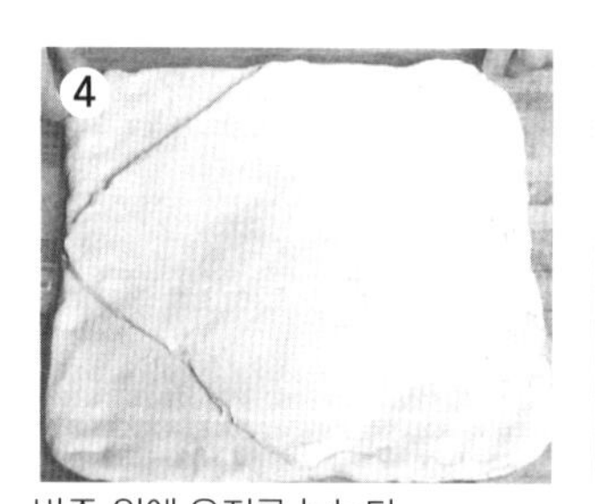

반죽 위에 유지를 놓는다.

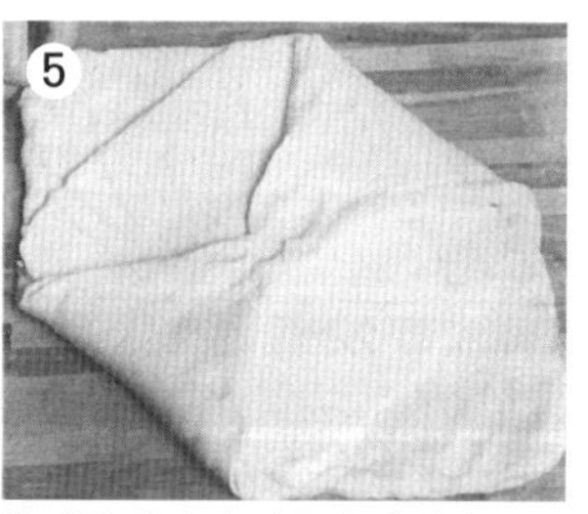

유지를 감싸며 반죽의 대각선 끝을 맞춘다.

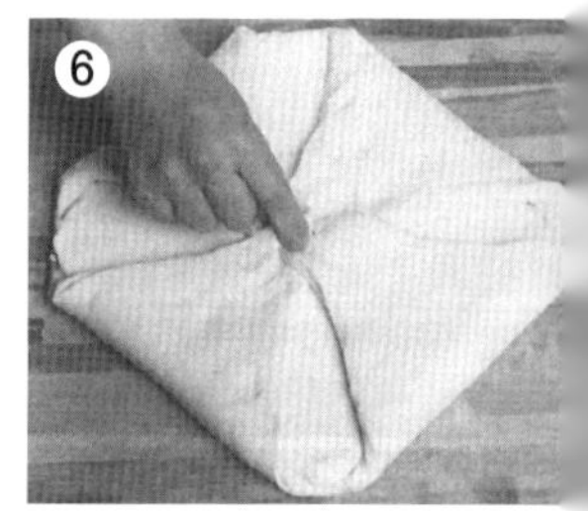

다른 쪽 대각선도 똑같이 맞춘다.

죽 가장자리를 접어 유지를 감
다.

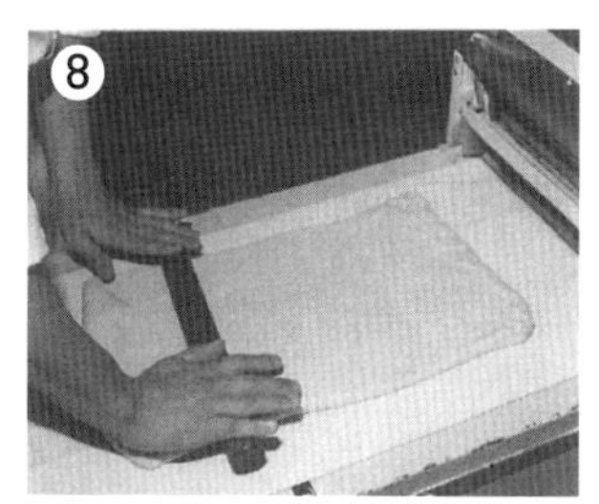
반죽밀대로 밀어서 반죽의 표면을 매끈하게 만든다.

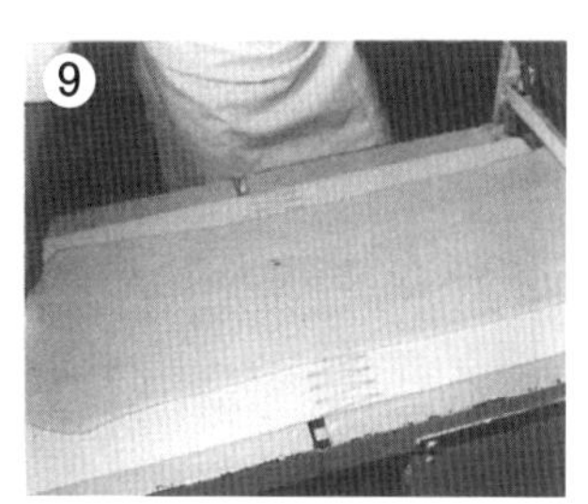
파이 롤러로 균등한 두께와 길이(최종 때의 3배)로 늘린다.

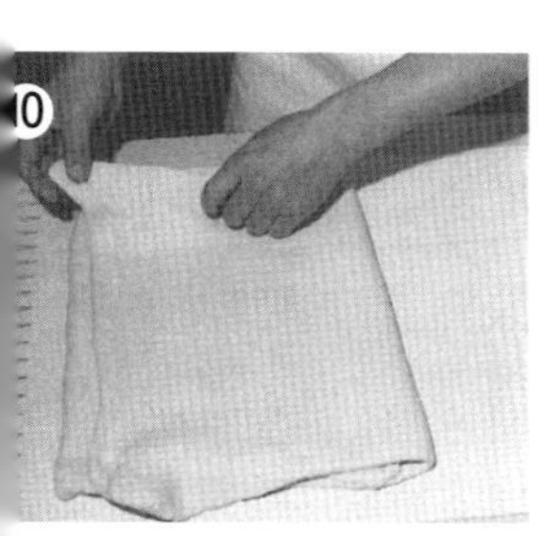
절 접기 한 다음 다시 파이 롤러로
어 늘린다. 이를 3회 반복한다.

반죽의 냉장 보관

치댄 반죽을 보관하고 싶은데 어떻게 하면 되나요?

여기서는 홈베이킹을 전제로 한 반죽 보관법에 대해 알아보자. 당연한 얘기지만 가정에서 만들 수 있는 빵의 종류와 제법은 한정적이다. 재료와 설비가 충분하지 않고, 전문가와 같은 기술이 없기 때문이다.

가정용 냉장고 또는 냉동고에 반죽을 보관하는 것은 상당한 무리가 있다. 유일한 수단이다시피 한 냉장고에 반죽을 보관할 수 있는 기간은 기껏해야 이삼일 정도여서, 집에서 어떤 빵이든 다 만들 수 있다고 말하기란 불가능하다.

우선 빵의 종류는 리치 타입으로 한정된다. 프랑스빵과 하드 롤 등 린 타입의 반

죽은 이스트 첨가량이 적기 때문에, 반죽을 오래 냉장 보관하게 되면 이스트의 활성이 떨어져 그만큼 발효력이 저하되어 빵이 잘 팽창하지 않는다.

반면 리치 타입의 반죽은 이스트 첨가량이 많기 때문에, 반죽을 냉장하면서 생기는 발효력 저하는 있지만 반죽을 팽창시킬 힘은 남아 있다. 게다가 유지, 달걀, 설탕 등 부재료가 많이 배합되어 있어서 냉장 중인 반죽의 발효를 늦추는 작용이 다소 있는 만큼 냉장 보관 가능 기간을 어느 정도 늘려준다.

한편 냉장 보관에 적합한 리치 타입 빵에는 대표적으로 브리오슈, 테이블 롤, 스위트 롤 그리고 접기형 반죽인 데니시 페이스트리, 크루아상 등이 있다.

냉장 보관할 경우 반죽 과정에서 신경 써야 할 점을 몇 가지 알아보자.

① 냉장 내성이 좋은 빵을 선별한다(앞에서 말한 리치 타입의 빵).

② 발효력 저하를 보충하기 위해 이스트는 평소의 약 2배에 달하는 분량을 쓴

다.

③ 반죽을 잘 치대서 글루텐 조직을 충분히 만들어 반죽의 가스 보유력을 높인다.

④ 반죽 온도가 너무 높지 않게 주의하고, 반죽의 발효 시간을 짧게 해서 발효의 진행을 억제한다.

가정에서 반죽을 냉동 보관하는 것은 권하지 않는다. 냉동할 경우 반죽의 동결 장해를 방지하려면 나름대로의 설비와 이스트 푸드가 필요하기 때문이다.

린 배합의 반죽을 다룰 때

<u>하드 롤 반죽을 밀 때 반죽밀대를 쓰지 않는 편이 더 나은 이유는 무엇인가요?</u>

반죽밀대를 절대 쓰면 안 된다는 것은 아니다. 다만 하드 롤은 린 타입의 빵이기 때문에 믹싱 시간이 짧아서 비교적 단단한 반죽이 되기 쉽다. 그래서 반죽 속 글루텐의 신장성이 나빠진다. 이런 빵 반죽은 반죽에 가하는 물리적인 압력을 잘 가감해서 섬세하게 다루어야 한다. 그렇지 않으면 반죽이 손상되어 이후의 발효, 팽창 시 반죽이 터지는 현상 등 악영향을 미치게 된다.

"반죽밀대를 쓰지 않는 게 낫다"라고 말하는 이유는 반죽을 부드러우면서 섬세하게 정성껏 다뤄야 한다는 뜻이 과장된 표현으로 전해진 것이다. 반죽밀대의 사용을 운운하는 것이 아니라, 단단한 빵 반죽을 다룰 때는 최대한 반죽에 부담을 주지 않는 작업이 필요하다는 말이다

착한 균과 나쁜 균

발효와 부패는 어떻게 다르나요?

발효와 부패는 모두 이스트와 곰팡이 등의 미생물이 관여한다. 이를테면 이스트가 포도의 당분을 분해하면 와인, 유산균이 우유의 유당을 분해하면 요거트와 치즈가 만들어진다. 또 날고기, 날생선에 포도구균이 붙으면 단백질이 분해되어 독소가 발생한다. 여기서 전자는 발효고 후자는 부패다.

양쪽의 차이를 간단히 말하자면 사람이 먹을 수 있는 것은 발효식품이고 먹을 수 없는 것은 독, 그러니까 부패한 음식이다.

하늘의 별처럼 무수히 많은 미생물은 이렇게 사람에게 유익한 것과 유해한 것으로 구별된다. 식품에 붙어 있는 이 미생물의 차이에 따라 발효 또는 부패라고 구

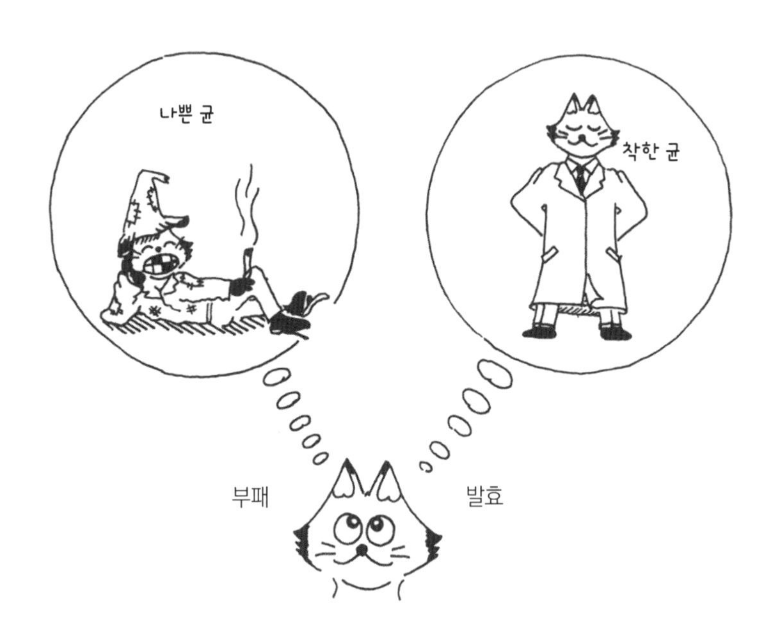

분지어 부르는 것이다. 하지만 이는 단순히 인간 중심에서 보는 견해일 뿐, 두 활동 시스템은 똑같다고 말해도 과언이 아니다.

발효 활동과 글루텐 조직

빵은 왜 부풀어 오르나요?

빵이 왜 부푸는지는 두 가지 시점으로 생각하면 이해하기 쉽다. 하나는 이스트에 의한 발효 활동이고 다른 하나는 밀단백질과 물로 인해 생기는 글루텐 조직이다. 이 두 존재가 있기에 빵이 부푸는 것이다.

제빵에서 발효란 이스트가 활동하면서 일어나는 현상이다. 이스트는 빵 반죽 속의 자당(설탕)과 전분을 밀가루 또는 자기가 가진 효소에 의해 포도당과 과당으로 분해한다. 그리고 그 포도당과 과당을 주요 영양원으로 삼아 흡수, 소화, 배출한다. 그 배출물이 탄산가스, 향미 성분(유기산), 에탄올(방향성 알코올)이다.

이중에서 특히 탄산가스가 빵 반죽을 팽창시키는 원동력이다. 탄산가스는 반죽을 찌그러트리거나 도중에 가스를 빼도 다시 발생하는데, 결국은 반죽을 오븐에 넣고 이스트가 열에 사멸될 때까지 계속 생긴다.

그리고 반죽을 팽창시킨 탄산가스를 감싸 계속 보유하는 것이 글루텐 조직이다. 글루텐이란 밀단백질 글루테닌과 글리아딘을 물과 함께 치대면서 결합해 생기는 점탄성, 신장성 있는 그물 구조 조직이다.

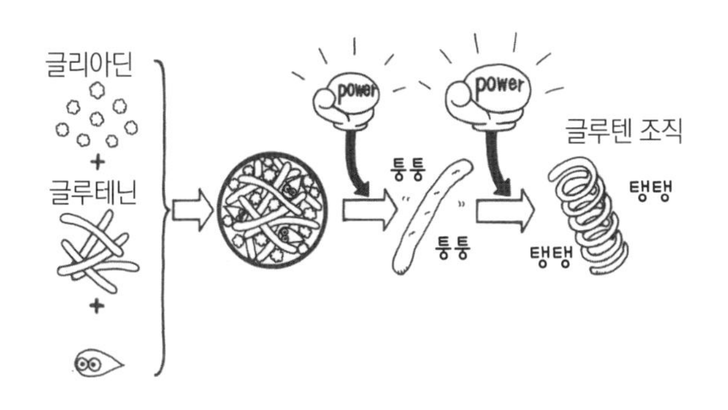

앞에서 말한 탄산가스와 이 글루텐의 관계는 고무풍선에 비유할 수 있다. 풍선에 숨을 불어넣으면 탄력 있는 고무막이 얇아지면서 점점 부풀어 오르는데, 이는 탄산가스가 글루텐 막을 팽창시키면서 빵 반죽을 부풀리는 모습과 똑같다.

그런데 사실 빵은 반죽이 발효할 때만 부푸는 것이 아니다. 오븐에 들어가서도 부푼다. 즉, 반죽에 열을 가하면 반죽 속 글루텐에 의해 생긴 탄산가스 기포가 팽창하면서 더욱 커지는 것이다. 계속해서 가열하면 이윽고 글루텐과 전분이 굳어지며 팽창이 종료된다. 이리하여 최종적으로 빵은 부풀어 오른 상태로 볼륨감을 유지하는 것이다.

•오븐 안에서 덩치를 키우는 빵 반죽

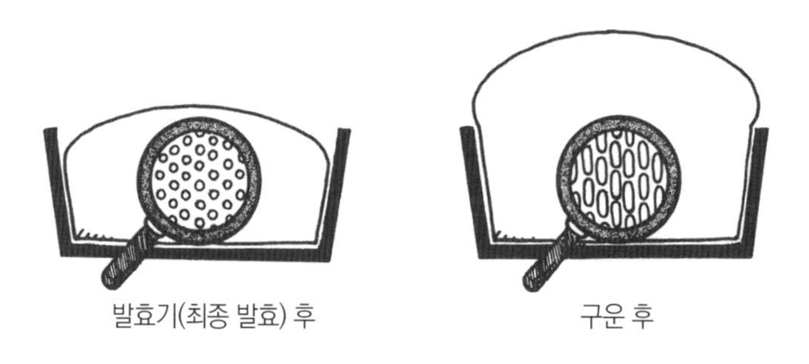

발효를 돕는 설탕 : 발효 시스템

빵 반죽에 설탕을 섞으면 빵이 부드럽고 푹신푹신하게 구워지는 이유가 무엇인가요?

우선 발효 시스템에서 설탕이 어떤 역할을 하는지부터 알아보자. 제빵용 이스트의 종은 사카로미세스 세레비시아(Saccharomyces cerevisiae)라고 하는데, 일정한 비율로 반죽에 섞으면 사카로미세스는 일단 산소 결핍 상태가 된다. 그렇게 더는 호흡할 수 없게 되면 체내 스위치를 '발효'로 전환한다. 그리고 인베르타아제라는 효소로 분해된 단당(포도당과 과당)을 이스트가 영양원으로 삼는 것이다.

그 결과 이스트는 치마아제(Zymase)의 힘을 빌려 단당을 에탄올과 이산화탄소(탄산가스)와 소량의 에너지로 분해한다. 이 일련의 활동이 바로 발효다. 에탄올은 빵 냄새, 탄산가스는 빵을 부풀리는 원동력이 되며, 에너지는 반죽 온도를 올리는 데 도움을 준다.

이처럼 설탕은 이스트의 먹이가 되어 발효를 돕는 역할을 한다. 하지만 설탕의 도움이 없어도 발효는 일어난다.

이 경우 이스트는 직접 밀가루에 포함된 전분을 밀가루나 자기가 가진 효소의 힘을 빌려 당으로 분해해서 영양원으로 삼는다. 밀가루는 밀 입자를 롤러 등으로 섬세하게 빻아서 가루 낸 것인데, 이때 생기는 마찰열 등으로 전분의 일부가 변성하여 손상전분이 된다. 일반적으로는 전분 전체 양의 10% 정도에 해당하는 손상전분이 이스트의 먹이가 된다.

이 분해 구조를 설명해보면 우선 밀가루에 포함된 α-아밀라아제에 의해 긴 사슬 모양 손상전분 조직이 짧은 사슬 모양의 덱스트린으로 분해된다. 이어서 β-아밀라아제가 덱스트린을 맥아당으로 분해한다. 맥아당이란 단당류인 포도당끼리 결합한 이당류다. 마지막으로 이스트에 숨어 있던 말타아제가 맥아당을 분해해서 포도당이 되어 이스트의 먹이가 되는 것이다.

이렇게 반죽에 설탕이 들어가지 않아도 이스트가 발효 활동을 해서 빵이 폭신하게 구워지는데, 그래도 설탕이 배합에 포함되어 있으면 이스트가 더 쉽고 빠르게 영양분을 얻어 그만큼 효율적으로 반죽이 발효하기 때문에 더 부드럽고 볼륨감 있는 빵이 나온다.

발효 시스템

$C_6H_{12}O_6 \rightarrow 2C_2H_5OH + 2CO_2$
(포도당) ↑ (에탄올) (탄산가스)
(치마아제)

전분에서 포도당으로 변화하는 과정

손상전분 → 덱스트린 → 맥아당 → 포도당
↑ ↑ ↑
(α-아밀라아제) (β-아밀라아제)(말타아제)

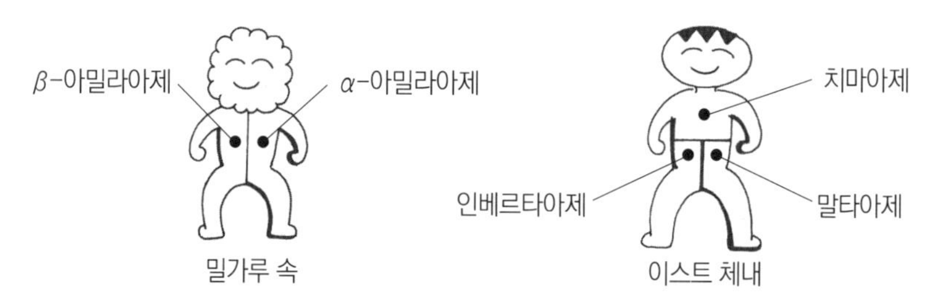

•밀가루와 이스트에 들어 있는 전분 분해 효소

• 이스트의 활성에 적합한 효소의 작용

발효기와 도우 컨디셔너

빵 반죽을 발효시키려면 어떤 환경이 적합한가요?

이는 항상 문제가 되는데, 홈베이킹의 경우에는 반죽 발효에 적합한 환경을 찾기가 무척 어렵다. 난방기로 실내 온도를 올리거나 비닐을 써서 보온실을 만들거나 실내에 증기가 가득하게 만드는 등 눈물겨운 노력을 한다 해도 생각만큼 좋은 결과를 얻기가 힘들다.

발효는 계절로 말하면 장마철부터 여름까지가 적합하다. 물론 냉방기 등을 쓰지 않는 조건이어서, 만드는 사람은 땀으로 샤워하는 것을 각오해야 하지만 말이다.

리테일 베이커리에는 발효기가 있어서 실온에서부터 40℃ 정도까지의 온도 폭으로 반죽의 발효를 관리할 수 있다. 하지만 최근에는 도우 컨디셔너라고 해서 영하(-2~-3℃)부터 40℃까지 발효 관리가 가능한 발효기가 주류를 이룬다.

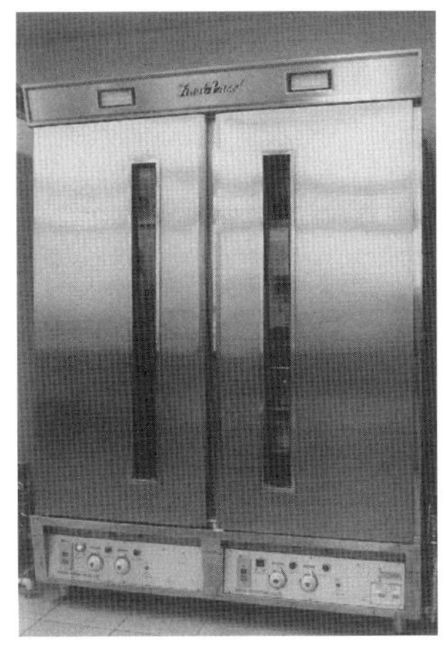

•발효기

도우 컨디셔너는 생산성의 향상과 노무 관리 개선을 목적으로 만들어져 냉동과 냉장 반죽에 넓게 대응하기 때문에 저온에서의 반죽 발효를 관리할 수 있다.

원래는 빵 반죽을 발효시키는 환경으로 25~35℃ 정도의 범위가 가장 적절하다고 여겨왔지만, 제빵 과학의 진보와 함께 냉동 및 냉장 반죽의 수요에 부응하면서 저온에서의 발효 관리 시스템이 개발되었다. 이스트는 -40℃의 저온에서도 죽지 않지만 45℃가 넘으면 활성이 떨어지는 만큼 저온에서의 관리가 더 효과적이다.

실제로 이스트는 4℃부터 활성화하기 때문에 그 부근에서의 적절한 온도 관리가 도우 컨디셔너의 성능을 판가름하는 포인트가 된다.

•도우 컨디셔너

빵 반죽 발효에 적절한 환경은 빵의 각 작업 단계에 따라 달라진다. 하지만 그때마다 매번 실온을 바꿀 수는 없으므로 발효기를 써서 각 단계에서의 적절 온도를 설정할 필요가 있다. 그렇게 하려면 용량이 큰 발효기를 선택해야 한다.

여름철은 기온과 습도가 높아서 빵이 잘 부풀어 오른다

1차 발효: 반죽을 둥그렇게 뭉치는 이유

발효시키기 전에 왜 반죽 표면을 매끈매끈 둥그렇게 뭉치나요?

다 된 반죽은 표면이 매끄럽도록 둥그렇게 뭉쳐서 발효 용기에 넣고 발효시킨다. 둥글게 뭉치면 반죽 표면이 탱탱해져 표면의 글루텐을 긴장시켜 반죽 속 탄산가스를 유지하고, 빵 반죽이 깔끔해 발효 상태를 눈으로 잘 파악할 수 있다. 그렇게 되면 반죽의 팽창 정도도 쉽게 파악된다.

게다가 다 된 반죽은 끈적끈적해 손에 달라붙기 쉬운데, 둥글게 뭉쳐 두면 반죽을 다루기가 한결 수월해진다.

다만 다 된 반죽을 꼭 둥글게 뭉치지 않고 그대로 발효 용기에 넣어 발효시켜도 적절한 발효 상태를 눈으로 확인할 수만 있다면 완성도에는 그리 큰 차이가 없다.

•반죽을 둥글게 뭉쳐 발효시킨다

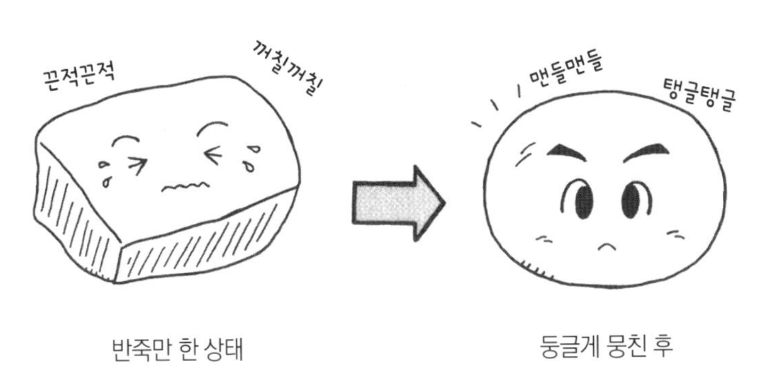

반죽 표면의 건조 방지

둥글게 뭉친 반죽을 비닐시트 등으로 싸는 이유는 무엇인가요?

다 된 반죽을 실온에서 발효시킬 경우, 그 방의 온도가 낮으면 반죽 표면이 비교적 이른 단계 때 말라버려 예컨대 '피부가 쩍쩍 갈라진 상태'가 된다. 반죽 표면이 말라서 갈라지면 반죽이 잘 팽창하지 않고, 빵이 완성된 후에도 그 마른 표면이 그대로 남는다.

한편 반죽의 산화가 촉진되어도 반죽 표면이 잘 건조된다.

둥글게 뭉친 반죽을 비닐시트 등으로 싸는 이유는 오로지 빵 반죽 표면이 마르는 것을 방지하기 위해서다.

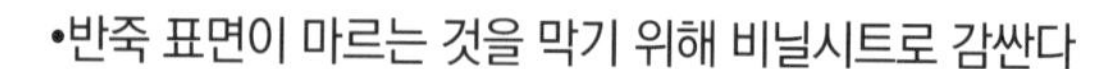
•반죽 표면이 마르는 것을 막기 위해 비닐시트로 감싼다

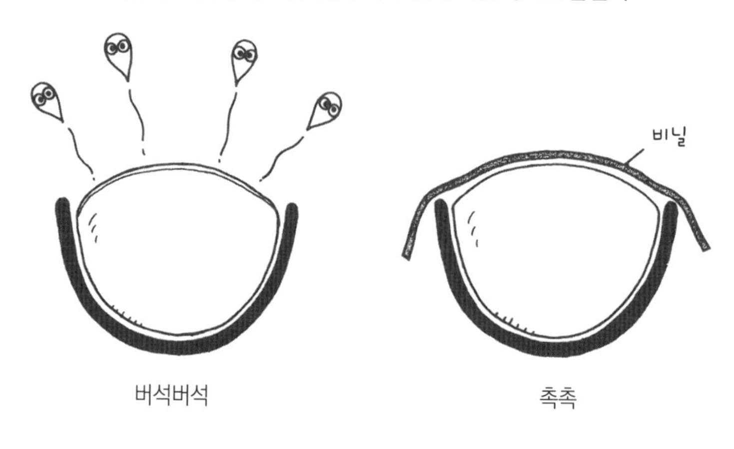

발효 상태 판단법과 팽배율

최적의 발효 상태는 무엇을 보고 판단하나요?

팽배율로 판단하는 것이 적절하다. 팽배란 말 그대로 완성된 반죽이 몇 배 부풀어 오르는가를 뜻한다. 처음 반죽의 부피를 1이라고 하고, 펀치와 분할 때 그 반죽의 부피가 처음의 몇 배가 되었는지 팽배율이라는 단어로 표현한다.

왜 팽배율이 반죽의 발효 상태를 판단하는 기준이 되는가 하면, 발효의 진행 상태가 이스트 활동에 의해 발생하는 탄산가스의 양과 아주 깊은 관계가 있기 때문이다. 쉽게 생각해서 이스트가 활발하게 활동하면 할수록 탄산가스가 더 많이 발생하고, 탄산가스가 많으면 많을수록 반죽의 부피는 커지게 되어 있다.

참고로 이스트의 활동은 이스트의 양과 그 먹이가 많으면 많을수록, 반죽 온도가 높으면 높을수록 촉진된다.

지금까지 말한 현상에서 배합이 다른 반죽, 완성 조건의 차이, 빵 반죽을 발효시킬 환경 등의 변화 등에 유일하게 정량적으로 대응할 수 있는 방법이 바로 팽배율이다.

그렇기에 실제 제빵에서 팽배율은 반죽 발효 및 숙성도의 정량적인 한 가지 기준이 된다. 예컨대 경험상 다 된 반죽의 크기가 3배가 된 시점에서 펀치를 넣었더니 성공했다면 항상 빵 반죽의 부피가 3배가 될 때까지 발효시키면 반죽 상태를 일정하게 유지할 수 있다.

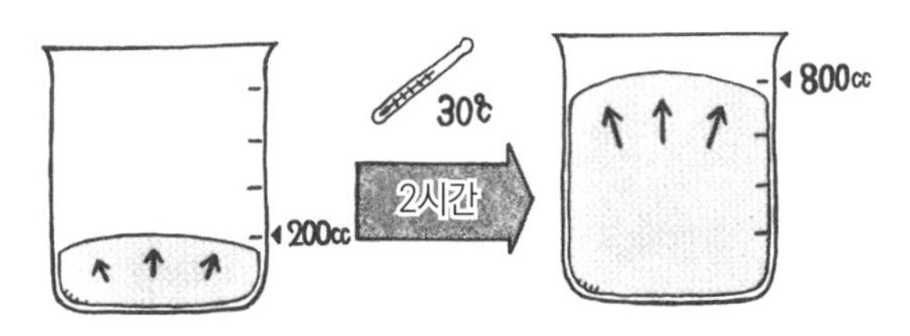

•30℃ 환경에서 빵 반죽이 2시간 만에 약 4배로 팽창

매번 할 때마다 반죽 온도와 굳기가 다른 만큼, 팽배율이 3배가 되기까지 60분 정도 걸릴 때가 있는가 하면 90분이 걸릴 때도 있다. 이때도 시간만 신경 써서 반죽하기보다는 오히려 발효 상태를 판단하는 것이 중요하다.

팽배율 응용의 유효 범위를 아래에 소개했다. 다만 어디까지나 개인적인 제빵 환경을 바탕으로 한 결과인 만큼 참고 정도로만 해주기 바란다.

〈직접 반죽법의 경우〉

- 펀치 시기 판단(펀치 때의 팽배율)
- 분할 시기 판단(노 펀치 분할 때의 팽배율)

〈중종법의 경우〉

- 중종 발효의 종점 시기 판단(중종 종점 때의 팽배율)

이상의 경우에 한해 팽배율의 신뢰도가 높은 이유는 반죽하고 다음 작업까지 아무것도 손대지 않고 자연적인 발효 상태를 관찰할 수 있기 때문이다.

반면 한 번이라도 반죽 자체에 물리적 변화를 준다면 그때 조건의 차이에 따라 나중의 발효 상태가 확 달라지기 때문에 정량적일 수 없게 된다. 이를테면 도중에 펀치를 넣은 반죽의 분할 시기 판단은 펀치 강도의 정도 등에 따라 이후 반죽이 부풀어 오르는 정도가 현저히 달라져 버리는 것이다.

그렇다면 팽배율이 어느 정도면 펀치와 분할을 해도 될까. 이 실수(實數)에 관해서는 배합, 제법 등 다양한 변수가 있기에 한마디로 딱 잘라 설명할 수가 없다. 한편 그밖에 손가락으로 구멍을 뚫어 발효 상태를 판단하는 방법(핑거테스트)도 있다.

팽배율 구하는 방법

팽배율은 어떻게 구하나요?

대략적이기는 하지만 한 가지 예를 들어보겠다. 50cc(㎖)마다 눈금이 매겨진 1,000cc(1ℓ) 용량의 비커를 하나 준비한다. 여기에 반죽의 일부(반죽의 200cc에 해당하는 250~270g 정도)를 가볍게 둥글려 바닥에 붙이고 표면이 편평하게 담으면 그 표면이 200cc 눈금과 일치하게 된다.

만약 200cc 반죽의 표면이 1시간 후에 400cc까지 올라갔다면 그 반죽의 부피는 400cc이고, 팽배율은 약 2배이다.

실제로 반죽의 팽배율은 5배를 넘지 않는 만큼, 반죽의 약 5배에 해당하는 용량을 확보할 수 있으면서 눈금만 매겨져 있다면 어떤 용기를 쓰든 상관없다. 그리고 잊지 말아야 할 것은 팽배를 측정할 수 있는 샘플 용기를 반죽 옆에 두는 것이다. 온도와 습도 등이 달라지면 반죽과 샘플의 발효 상태가 달라지기 때문이다.

〈팽배율 측정법〉

눈금이 있는 용기에 반죽을 담는다

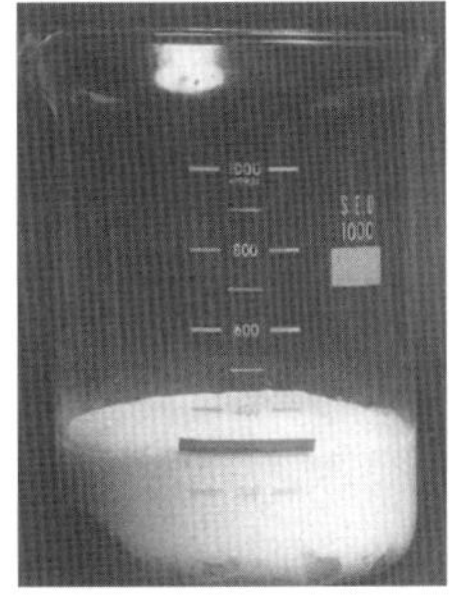

① 반죽 직후 300㎖

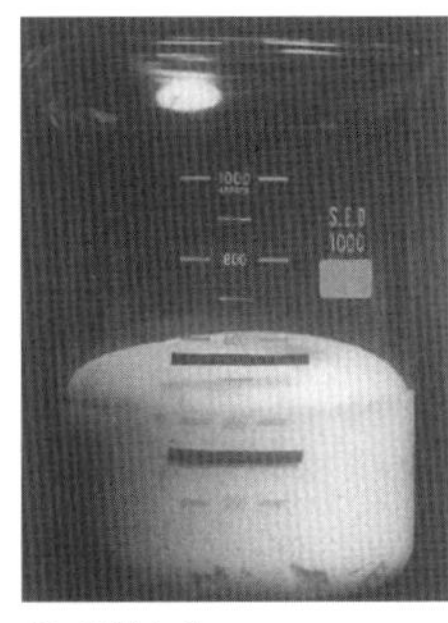

② 30분 후

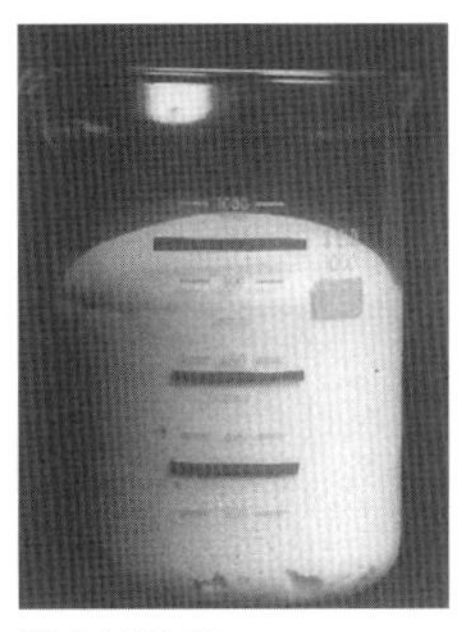

③ 1시간 후

④ 2시간 후

⑤ 3시간 후

발효 상태 판단법: 핑거테스트

발효한 반죽을 손가락으로 찔러 펀치와 분할 시기를 판단하는 이유는 무엇인가요?

작업할 때 반죽을 손가락으로 찌르는 모습을 흔히 볼 수 있는데, 이때는 무엇을 어떤 기준으로 판단하는 것일까? 바로 글루텐의 항장력과 탄성이다. 이것을 보고 탄산가스 보유력이 얼마나 있는지 확인하는 것이다.

말하자면 팽배율은 이스트의 탄산가스 발생량을 확인함으로써 빵 반죽의 용량을 중심으로 펀치와 분할 시기를 판단하는 반면, 핑거테스트는 반죽 표면의 글루텐 조직 상태를 확인해서 그 시기를 판단한다고 볼 수 있다.

이스트의 가스 발생에 따라 글루텐 조직이 늘어나면 글루텐의 탄성이 약해진다. 이러한 현상을 자신의 오감으로 판단할 수 있다는 점에 이 테스트의 의의가 있다.

〈핑거테스트의 요령〉

반죽 가운데를 손가락으로 찔렀다가 뺀 흔적으로 발효 상태를 판단한다

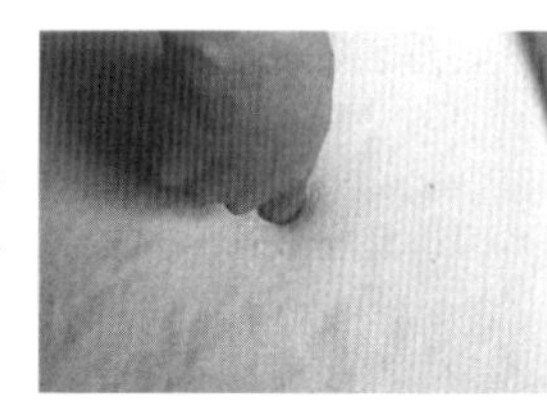

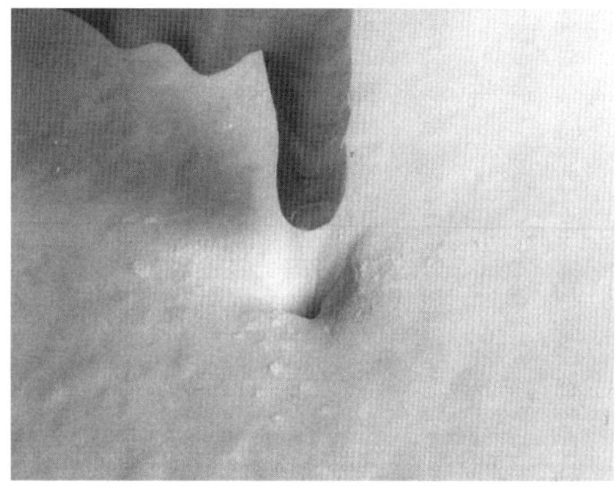

핑거테스트 방법은 다음과 같다. 먼저 검지 끝에 가루를 묻힌 다음, 발효한 반죽의 중앙부에 손가락 제2관절까지 푹 찔러 넣었다가 뺀다. 손가락을 넣었다가 뺀 곳이 조금 수축하면서 남아 있는 상태, 이것이 최초의 반죽 발효 피크를 알려주는 사인이다.

반죽에 발효가 극단적으로 부족하면 탄력이 강해서 손가락을 뺀 곳이 다시 원래대로 돌아가는데, 꼭 젓가락으로 찌른 것처럼 작게 줄어들어 버린다. 반대로 반죽 발효가 극단적으로 과할 경우 탄력을 잃어서 반죽 속의 가스가 빠지며 손가락을 뺀 상태 그대로 움푹 파이고 만다.

반죽할 때 최적의 발효 상태를 원하는 마음이야 당연하지만, 최고의 순간을 놓친다고 하더라도 어느 정도의 범위 내에만 있다면 빵에 미치는 영향은 그리 크지 않다.

핑거테스트뿐만 아니라 반죽 표면의 건조 정도와 빛깔, 냄새 등도 충분히 판단 재료가 된다. 발효가 부족하면 반죽 표면이 끈적끈적하고 물기가 많은 느낌이 들며 색깔이 진해 보인다. 또, 이스트 냄새가 난다. 반대로 반죽이 과하게 발효되면

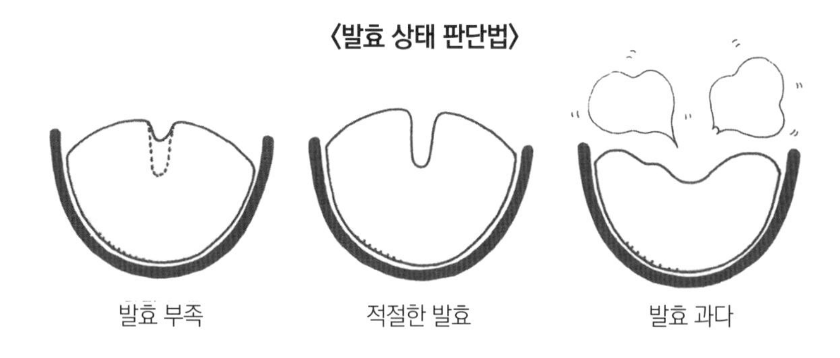

표면이 마르고 색깔도 연하게 느껴진다. 또, 알코올 냄새가 난다. 이렇게 보고 만지고 냄새로 판단하는 방법은 비록 과학적이지는 않지만, 인간의 오감이라는 아주 훌륭한 센서를 이용하는 것이다.

반죽 온도와 시간, 팽배율에 이런 경험에서 나오는 감이 더해진다면 반죽의 발효 상태를 판단하는 데 있어서 몹시 정확한 포인트를 손에 쥘 수 있을 것이다.

펀치의 의미

왜 한 번 부푼 빵 반죽을 도로 찌그러트리나요?

직접 반죽법으로 치댄 반죽을 발효하다가 중간에 발효 용기에서 한 번 꺼내 납작하게 때려 누르는 과정이 있다. 그 후 간단하게 3절 접기나 4절 접기 한 다음 다시 용기에 넣고 다시 반죽을 발효시켜 부풀린다. 이 중간 작업을 펀치(가스 빼기)라고 부른다.

왜 이러한 과정을 거쳐야 할까? 펀치 없이 그대로 발효시킨 것과 어떤 차이가 있을까?

펀치를 하면 반죽의 상태를 세 가지 정도 개선시킬 수 있다.

첫 번째로 반죽 속에 있는 공기와 탄산가스의 커다란 기포를 다수의 작은 기포로 분산시킨다. 이렇게 하면 크럼(속살) 부분의 기포가 조밀해진다.

두 번째로 반죽을 때리거나 누르는 등 힘을 가해 반죽 속 글루텐 조직을 직접 자극하면 글루텐의 항장력(막이 부풀 때의 장력)이 강화된다. 그 결과 반죽이 잘 부풀어 올라 빵의 볼륨감이 커진다.

세 번째로 알코올류를 방출하고 공기 중의 산소를 받아들임으로써 이스트 활성을 강화한다. 그러면 탄산가스가 많이 발생해서 반죽의 발효를 촉진하기 때문에 빵의 볼륨을 키우는 데 도움이 된다.

이러한 이유 말고도 펀치의 효과에는 여러 가지가 있다. 각 요인이 상승효과를 일으켜 반죽에 좋은 영향을 미쳐서, 완성된 빵의 기포와 볼륨에 플러스 작용을 하는 것이다.

글루텐의 항장력을 강화한다

알코올과 탄산가스를 방출해 이스트의 활성을 강화한다

〈펀치(가스 빼기)의 요령〉

① 발효 용기에서 반죽을 꺼낸다

② 눌러 펼치는 식으로 가스를 뺀다

③ 3절 접기를 한다

④ 용기 크기에 맞게 다시 3절 접기를 한다

⑤ 용기에 다시 넣고 2차 발효에 들어간다

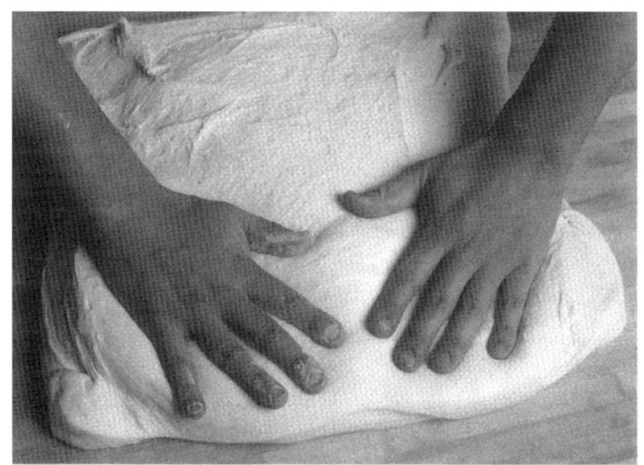

•반죽을 눌러서 속에 꽉 찬 가스를 뺀다

글루텐 조직을 강화하는 펀치

펀치는 보통 밀어 누르듯이 하는데 치대면 왜 안 되나요?

펀치는 보통 발효 피크일 때 한다. 그때는 빵 반죽 속에 탄산가스가 가득해서 원래 부피의 두세 배까지 팽창해 있다.

펀치란 앞에서도 말했듯이 탄산가스의 기포를 작게 분산시키고 공기 중의 산소를 반죽에 섞으며, 압력을 가해서 글루텐을 강화하는 효과가 있다. 그렇게 반죽 상태를 개선시켜 2차 발효로 이어지게 하는 역할을 한다.

펀치 단계 때 반죽을 치대면 물론 가스는 빠져나가지만, 모처럼 만든 글루텐 그물망 조직도 끊겨버리고 만다. 글루텐 조직이 파괴되면 2차 발효 때 새로 발생하는 탄산가스가 유지되지 못한다. 그러면 빵 반죽이 부풀 수 없게 된다.

반죽법과 강도 조절의 영향도 있겠지만 강하게 주무르고 때리는 작업은 나중의 반죽 성질에 큰 영향을 미친다.

빵 반죽의 펀치란 애당초 반죽의 발효력과 물성(대부분의 경우 글루텐의 탄력성) 촉진 및 강화를 목적으로 한다. 치대는 작업은 발효 후에는 반죽의 파괴로만 이어질 뿐이다.

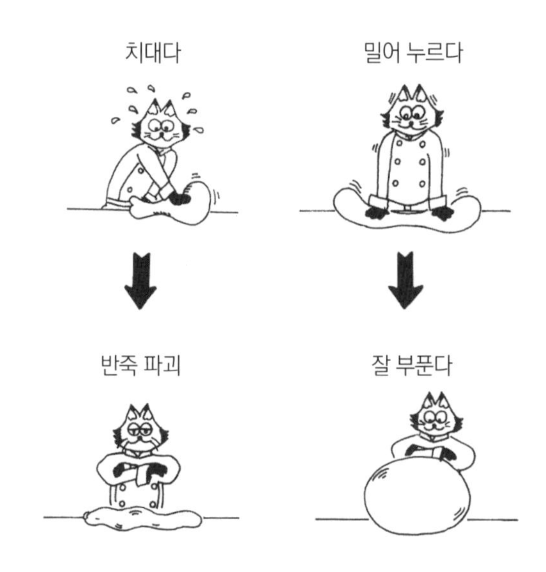

반죽 둥글리기의 의미

분할한 빵 반죽을 둥글리는 이유는 무엇인가요?

찌그러진 반죽 둥글리기

매끈한 반죽 둥글리기

GAS

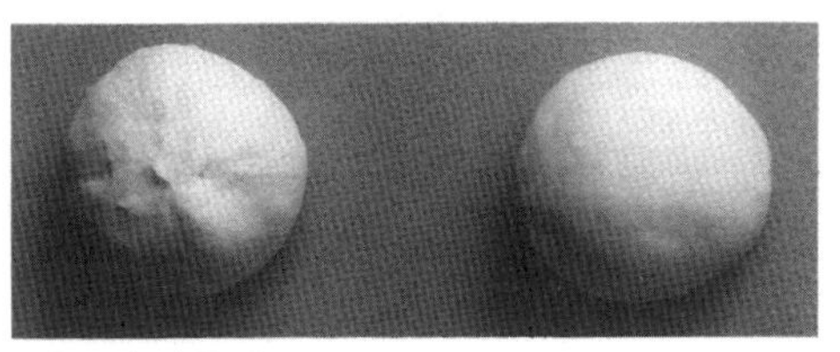

•반죽의 이음매 •반죽 표면

2차 발효 후 반죽이 충분히 발효되면 그다음은 분할 작업으로 들어간다. 대부분 분할한 반죽은 바로 둥글린다. 반죽 둥글리기란 반죽의 표면을 팽팽하게 하면서 공 모양으로 다듬는 것이다. 왜 이렇게 할까?

우선 반죽을 둥글리면 성형할 때 표면이 매끈해지면서 빵이 바삭하고 깔끔하게 나온다.

또 반죽을 둥글리는 작업을 통해 펀치와 마찬가지로 글루텐 조직에 적당한 자극을 줘서 빵 반죽의 항장력을 강화하고 볼륨을 키울 수 있다.

구체적인 둥글리기 작업은 작은 반죽부터 큰 반죽까지 그 크기와 형태가 다양

〈반죽 둥글리는 방법〉

한데 공통 포인트는 엉덩이에 해당하는 이음매 부분을 잘 봉하는 것이다. 애당초 둥글리기는 반죽에 회전 운동을 주면서 작업대와 손바닥의 접점을 중심으로 접음으로써, 느슨한 반죽 표면을 탱탱하게 만드는 것이다. 바로 반죽의 이음매 부분에 느슨함이 집중되기 때문에 이 부분을 잘 여미지 않으면 애써서 둥글린 반죽이 다시 축 느슨해지고 만다. 반죽이 느슨해지면 항장력이 약해지면서 가스 보유력이 나빠진다.

벤치 타임의 의미

왜 벤치 타임을 거쳐야 하나요?

벤치 타임이란 반죽의 분할과 둥글리기가 끝난 후 반죽을 쉬게 하는 시간이다. 둥글린 반죽을 바로 성형해버리면 탄력이 너무 강해 원하는 대로 반죽을 늘리거나 모양을 잡기 힘들다. 탄력이 강하면 반죽이 바로 수축해버리기 때문이다. 이때 무리해서 억지로 성형하면 반죽 표면이 거칠어지거나 끊기고 만다.

벤치 타임은 발효 활동의 일부다. 발효하면 고작 5~10분 사이에도 반죽은 팽창한다. 이스트가 계속 활동하면서 탄산가스를 만들기 때문이다. 이에 따라 글루텐

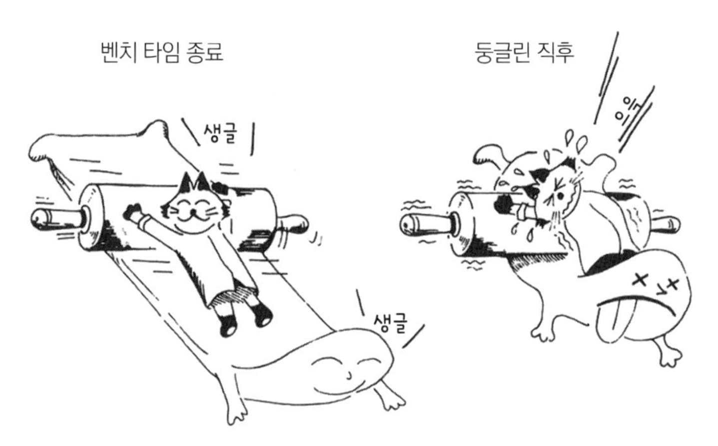

•벤치 타임 후 반죽의 신장성이 좋아진다

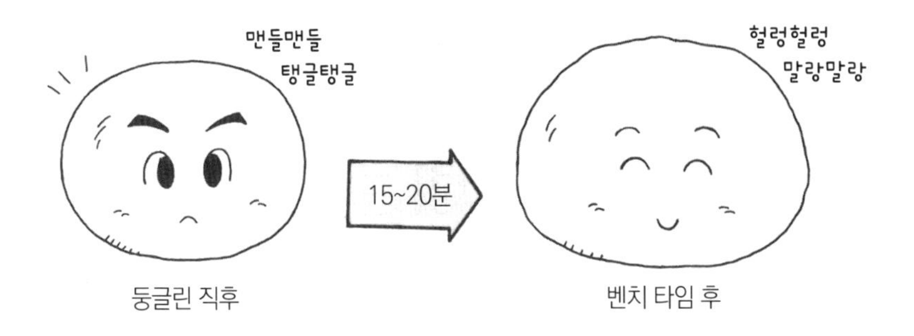

조직이 반죽의 팽창과 함께 늘어나면서 탄력성이 떨어진 결과 신장성이 좋아진다.

실제로 15~20분 정도의 벤치 타임을 거치면 무리 없이 반죽을 늘릴 수 있다. 그렇기에 반죽을 쉬게 한다는 의미의 표현을 쓰는 것이다. 원래는 둥글린 반죽을 작업대(벤치) 위에 올리고 그대로 둔다고 하여 벤치 타임이라고 부르게 되었다.

한편 벤치 타임 때는 온도도 주의해야 한다. 온도가 너무 높으면 발효가 과해지고 너무 낮으면 발효가 덜 된다. 따라서 발효기에 넣고 관리하는 것이 반죽 상태를 안정적으로 만든다는 의미에서 현명한 처치일 것이다.

빵 반죽은 특히 온도와 습도에 민감하기 때문에 그 빵 반죽에 맞는 환경을 만들어 주면 반죽이 푹 쉴 수 있다.

성형의 방법

완제품의 형태는 비슷한데 왜 빵의 종류에 따라 성형 방식에 차이가 나나요?

예컨대 산형 식빵을 성형하는데 어떨 때는 빵 반죽을 둥글려서 빵틀에 넣기도 하고, 접기도 하고, 편평하게 늘린 다음 돌돌 감아 빵틀을 채우기도 한다. 한 종류의 빵을 만드는데 왜 성형 방식이 다를까? 굽고 난 빵의 형태는 비슷하지만, 자세히 관찰해보면 각 빵의 모양과 형태의 차이를 알아차릴 수 있다.

아무리 형태가 같아도 내용물의 상태가 미묘하게 다르기 때문이다. 크럼의 기포 모양이나 밀도 등이 달라지면서 맛이 달라지는 경우가 있는 것이다. 식감도 마찬가지로 탄력 있거나 폭신폭신 부드럽기도 하다.

또 다른 이유는 만드는 이의 개인적인 취향에 따라 각자 편한 성형 방법을 쓴다거나 작업상의 적성을 생각해서 선택하기 때문이다.

•성형 방법에 따라 형태와 속살(크럼)의 상태가 달라진다

라인화된 기계 제빵의 경우 그런 세세한 부분을 엄격하게 추구하지 않는다면 생산 관리 자체가 불가능하겠지만, 개개인이 직접 성형하는 경우라면 그 이상으로 기술자의 감각 차이가 제품 차이로 이어지는 것이야 당연하지 않을까.

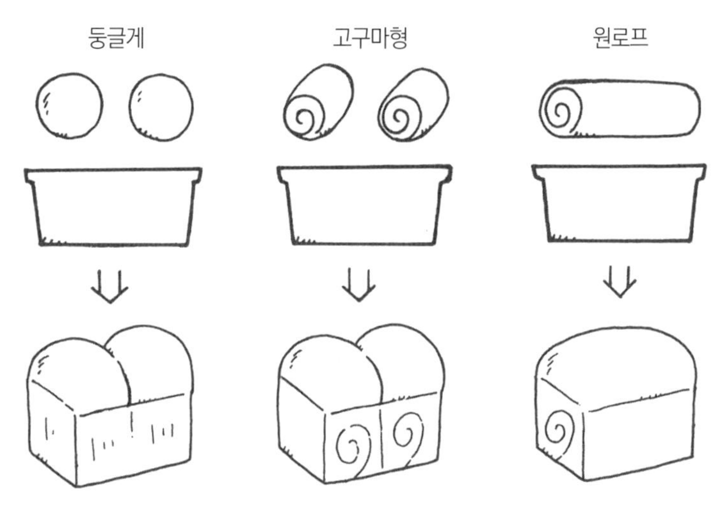

•산형 식빵의 다양한 성형 방법

저온에서도 발효를 계속하는 빵 반죽

데니시 페이스트리 등 접기형 반죽은 1차 발효 후 냉장고에 잠시 두는데, 발효가 중단되면 반죽 상태가 나빠지지 않나요?

접기형 반죽은 냉장한 빵 반죽으로 유지를 감싸서 몇 번의 밀고 접기 작업을 거쳐 반죽과 유지층을 만든다. 데니시 페이스트리의 경우 유지를 접을 때 반드시 빵 반죽을 식혀두지 않으면 반죽 온도 때문에 유지가 너무 물렁해지고 만다.

여기서 문제가 되는 것은 빵 반죽을 냉장하면서 이스트 활성이 떨어져 반죽 발효가 늦어져 상태가 나빠지지 않을까 하는 점인데, 1차 발효를 끝낸 반죽은 이미 발효력, 팽창력을 충분히 가지고 있다. 물론 이스트 스스로의 활동 속도는 늦어지지만, 냉장 수준의 온도라면 활동은 멈추지 않는다.

이렇게 냉장고에 넣고 식히는 동안에도 느리기는 하지만 발효는 계속되고 있다. 여기서 문제가 되는 것은 냉장 시간이다. 이처럼 냉장고에서 발효시키면 약 하루 안에 발효 숙성 피크가 찾아온다. 그 이상이 되면 빵 반죽이 과발효하여 반죽 팽창이 나빠져 끈적끈적 달라붙는 반죽이 되어버린다.

특별한 예로 수십 시간이나 저온 발효시키는 사례도 있지만 이는 조건과 공정 설정이 무척 어렵기에 별로 권하지 않는다.

한편 데니시 페이스트리와 같은 리치 타입의 빵은 냉장 내성이 강하기 때문에 대부분의 경우 반죽 장해도 거의 찾아볼 수 없다.

•온도 변화에 따른 이스트 활성의 차이

발효를 촉진하는 방법

빵을 대량으로 만들 때 발효 등 대기 시간을 단축하려면 어떻게 해야 하나요?

답은 하나뿐이다. 빵 반죽이 빨리 발효되게 해서 빨리 팽창시키는 것이다.

그러려면

① 빵 반죽에 첨가할 이스트 양을 늘려서 단시간에 대량의 탄산가스를 발생시킨다.

② 반죽에 이스트 푸드(산화조성제)를 첨가해서 글루텐 조직을 강화 및 증폭시켜 반죽의 가스 보유력을 높인다.

③ 이스트의 활성 한계를 넘지 않도록 반죽 온도와 발효 온도를 높임으로써 이스트 활성을 높이고 탄산가스 생산 시기를 앞당겨 증가시킨다.

등의 방법이 있다. 하지만 빵을 단시간에 구워내고 싶다고 해서 본래 제빵의 균형을 무너뜨리면서까지 무리한다면 결코 좋은 결과를 얻을 수 없다. 한도가 어디까지인가에 대해서는 충분히 고려해야 할 것이다.

•반죽이 빨리 발효되게 하려면……

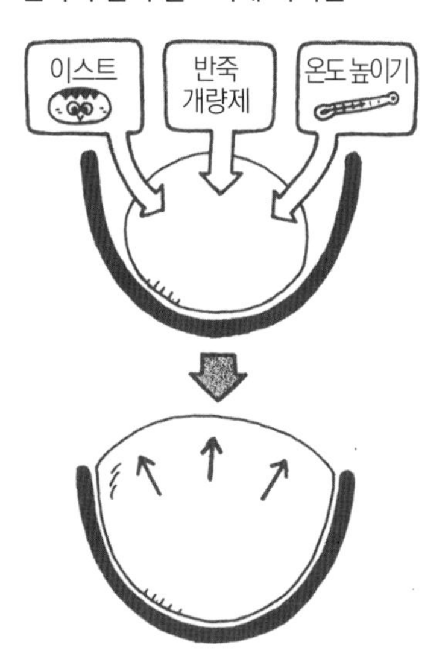

제빵을 위한 오븐

다양한 종류의 빵을 구우려면 어떤 오븐을 갖추어야 할까요?

우선 가정에서 사용할 수 있는 오븐은 한정적일 수밖에 없다. 가스 오븐, 전기 오븐, 레인지 오븐 중에 아무거나 하나 골라 사용해도 용량에 큰 차이가 없어서 대동소이할 것이다. 단순히 열원에 차이가 날 뿐이기 때문에 어떤 오븐을 써도 완제품에서 우열은 나타나지 않는다.

여기서는 업무용 오븐에 대해 알아보자. 우선 오븐 종류부터 살펴보면 가장 일반적으로 쓰는 것이 팬(530×380×높이) 4매에 오븐 챔버가 2단 또는 3단 있는 고정형 오븐이다(다음 페이지 제일 오른쪽 사진). 열원은 전기다. 단과자빵과 데니시, 식빵 등을 구울 때는 철판 재질의 바닥을 쓰면 된다. 이 오븐은 비교적 고온에서 빨리 구울 수 있는 빵이나 빵틀에 담은 반죽에 열을 가해야 하는 타입에 적합하다. 열의 전도는 열원을 기점으로 직하형이 많아 윗불과 밑불로 직접 가열한다.

또 프랑스빵과 호밀빵과 같이 오븐 바닥에 반죽을 바로 놓고 굽는 빵의 경우 오븐 바닥의 재질이 인공석이나 벽돌인 것으로 고른다(사진 제일 왼쪽). 이러한 빵을 구울 경우 대부분 오븐의 챔버 내에 증기가 들어가기 때문에 빵의 크러스트가 바삭바삭하고 노릇노릇하게 구워지는 것이 특징이다. 열의 전도는 복사형 또는 대류형이 많은데 둘 다 간접적으로 반죽을 가열한다. 다만 이런 유형의 오븐은 유럽산의 대형이어서 설치 장소가 넓어야 한다.

이상적으로는 단과자빵과 틀 전용, 틀 없이 굽는 빵 전용으로 총 두 대를 마련하면 좋겠지 만, 공간 면적이 좁은 소규모 리테일 베이커리라면 힘들 것이다. 만약 한 대밖에 두지 못 할 경우에는 증기가 나오는 고정 오븐으로 철판, 인공석이나 벽돌 재질의 오븐 바닥을 둘 다 겸비한 오븐이 쓰기 편할 것이다. 열원, 챔버의 넓이, 열용량 등을 검토해야만 하는 문제는 있지만, 지금까지는 제일 만능이고 허용 범위도 넓은 오븐이다(사진 가운데).

바로 굽는 빵 전용 오븐

압축 석판 바닥인 만능 오븐

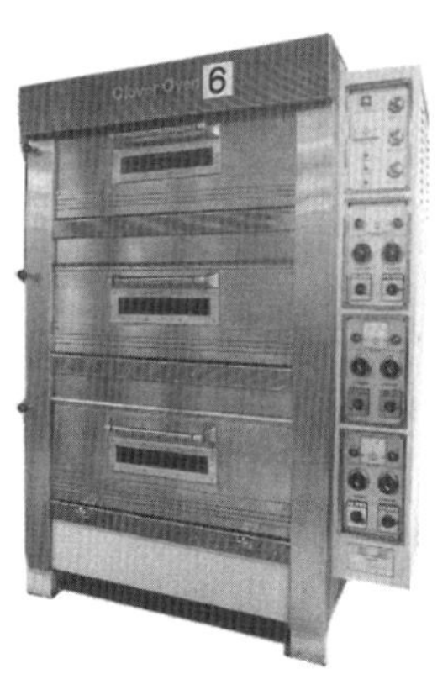

단과자빵, 틀 전용 오븐

글루텐과 전분의 열변성

구운 빵에 크러스트와 크럼이 생기는 이유가 무엇인가요?

빵 반죽은 각 재료가 균일하게 결합한 하나의 혼합물 단계다. 이 반죽을 구우면 표면은 크러스트(빛깔이 노릇노릇한 껍질 부분)로, 속은 크럼(하얀 속살 부분)이 되고 그때 비로소 빵이라고 부를 수 있다. 크러스트는 빵의 겉부분을 단단히 잡아주고, 크럼은 안에서 크러스트를 받쳐준다. 빵은 이 두 가지가 있어야 그 형태를 유지할 수 있다.

•크러스트와 크럼 확대도

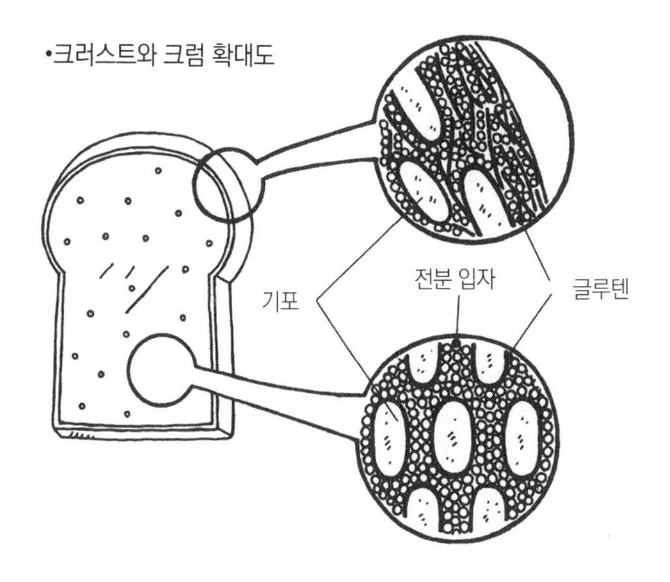

다 구운 빵의 크러스트와 크럼의 단면을 염색해서 전자현미경으로 들여다보았더니 크럼보다 크러스트에 글루텐 층이 많이 응축되어 있음을 확인할 수 있었다. 반죽의 둥글리기와 성형 단계 때 표면을 매끈하게 하고 이음매를 꼼꼼히 여며 긴장시키면, 글루텐 층이 늘어나 노출되어서 빵 반죽의 표피를 뒤덮는 형태가 된다. 그래서 크러스트 부분에 글루텐 층이 집중되고, 반대로 전분은 적어지는 것이다.

반죽 무게 450g인 원로프 식빵을 25분 동안 굽는 경우를 예로 들어 크럼과 크러스트의 생성 과정을 따라 가보자.

우선 오븐에 넣기 전에 반죽 온도를 약 30℃로 맞춘다. 그리고 첫 단계인 약 6분간(굽는 시간의 약 4분의 1)의 반죽 온도 상승은 매분 5℃이기 때문에 틀에 넣은 빵 반죽은 6분 동안 대체로 30℃ 상승한다.

따라서 1단계 때의 반죽 온도는 60℃가 된다. 이때 빵 반죽 표면의 글루텐 층이 굳어 크러스트가 형성되기 시작한다.

① 반죽 온도가 45℃ 정도일 때까지는 이스트 및 각종 효소의 작용이 활성화해서 반죽 속에 대량의 탄산가스가 발생한다. 그리고 전분은 호화의 수준을

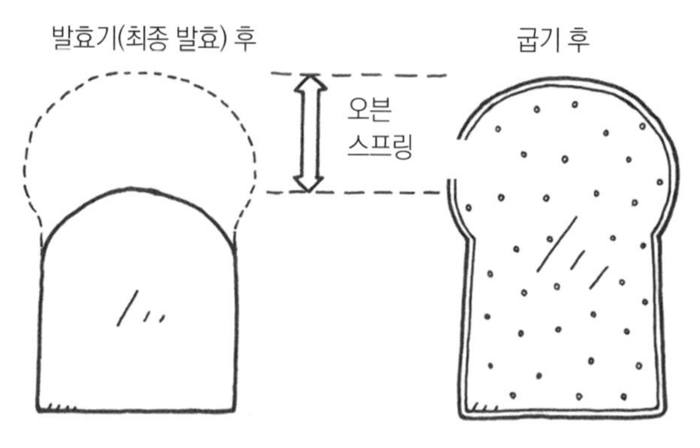

• 오븐 스프링으로 볼륨이 1/3 늘어난다

최대로 한다. 즉, 반죽 내부가 걸쭉한 페이스트 상태로 반죽이 가장 유동적일 때다.

② 반죽 온도가 50~60℃ 사이일 때 탄산가스의 작용으로 반죽 전체가 팽창하기 시작한다. 이 현상을 오븐 스프링이라고 부르는데, 빵의 볼륨이 확보되는 단계다. 이 오븐 스프링 덕분에 반죽의 볼륨이 약 3분의 1 증가한다. 여기서 반죽이 팽창하는 것은 발효 때와 마찬가지로 글루텐이 탄산가스를 감싸면서 늘어나기 때문이다.

③ 60℃ 정도 되면 이스트와 효소는 사멸하고 탄산가스 발생도 멈춘다. 그리고 크러스트가 형성된다.

제2단계의 약 12~13분 동안에는 매분 5.5℃씩 온도가 상승한다. 이때 반죽은 바깥쪽에서부터 중심 쪽을 향해 고화가 시작된다.

① 오븐 스프링으로 반죽이 부풀어 올라 열전도는 양호. 반죽 온도가 60℃를 넘으면 반죽 속 글루텐과 호화전분은 열변성에 의해 고체화된다.

② 최종적으로 95~96℃까지 상승하고 크러스트와 크럼이 확실하게 구별 가능해진다.

•구우면서 서서히 나타나는 크럼과 크러스트의 변화

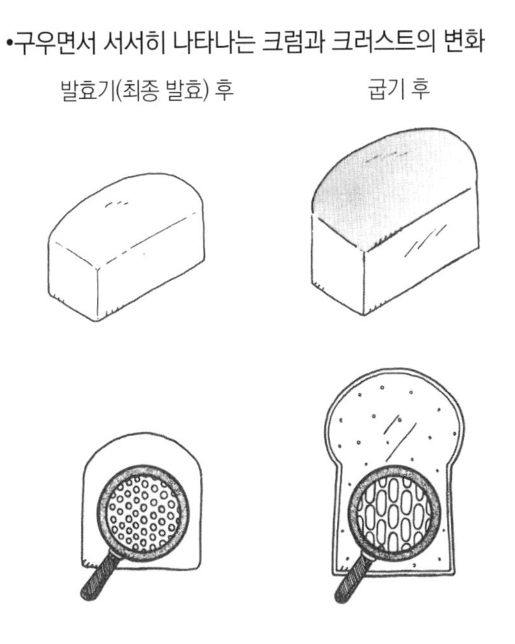

최종 단계는 전체적으로 굽는 시간의 마지막 4분의 1에 해당하며, 반죽 온도는 96~97℃로 반죽 속 수분 증발이 가장 격하다. 이렇게 해서 무거웠던 반죽에서 수분이 수증기로 변해 빠져나가면서 폭신하고 가벼워진다. 이와 동시에 반죽 발효 중에 부산된 유기산과 에탄올도 조금 증발한다.

크러스트는 더 가열하면 메일라드 반응(Maillard reaction, 아미노 화합물, 포도당, 과당으로 대표되는 카보닐 화합물이 가열에 의해 일으키는 화학 반응)이 일어나면서 노릇노릇한 갈색 빛깔을 띠게 된다.

빵의 냄새 성분

빵에서 고소하고 향긋한 냄새가 나는 이유는 무엇인가요?

빵이 노릇노릇 구워지면 반죽 때는 나지 않던 독특한 냄새가 난다. 이 냄새는

① 곡물가루를 포함한 원료
② 이스트와 세균 발효에 의한 부산물
③ 가열하면서 생기는 화학 반응물

때문에 나는 것으로 캐러멜 냄새, 탄 냄새, 달콤한 향, 알코올 냄새가 중심을 이룬다.

① 원료 냄새

소금, 달걀, 설탕, 버터, 유제품 등 개성 강한 것들이 가진 냄새, 밀가루 속 전분과 단백질이 수화, 가열되면서 만드는 부드러운 풍미가 복합적으로 섞인 냄새다. 특히 밀가루 속 전분과 단백질은 날것일 때와 가열 후의 맛, 풍미에 큰 차이가 있다. 날것일 때의 독특한 냄새는 가열하면서 빠진다.

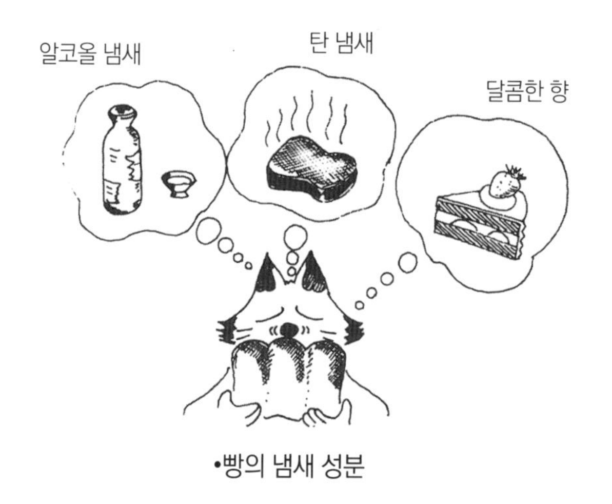

•빵의 냄새 성분

② 발효하면서 나오는 부산물 냄새

대부분은 유기산과 알코올이다. 유기산은 주로 유산, 아세트산, 낙산(뷰티르산) 등이고 알코올은 방향성이 있는 에탄올(에틸알코올) 등이다. 알코올은 완성된 빵 속에 0.5% 정도 남는데, 구운 후 몇 시간이 지나면 수증기와 함께 휘발되어 버린다. 유기산도 마찬가지로 증발한다.

③ 화학 반응물 냄새

대부분 크러스트 부분에 모여 있다. 당연한 말이지만 크러스트는 오븐 속에서 열에 직접 닿는 표면 부분이기 때문이다. 크러스트에서 일어나는 반응으로는 캐러멜화 반응과 메일라드 반응이 있다. 이러한 화학 반응으로 크러스트에 빛깔이 생기고 최종 생성물이 빵 냄새가 되는 것이다.

지금부터 통상적인 온도로 구운 갈색 크러스트 각식빵과 저온으로 구운 하얀 크러스트 각식빵의 냄새를 비교해보겠다.

〈크러스트가 갈색인 빵〉

구운 직후부터 향긋한 캐러멜 냄새, 달콤한 냄새, 곡물가루의 탄내가 난다. 이 빵을 반으로 갈라 크럼 냄새를 분석해보면 이스트, 알코올, 유기산, 반죽 냄새가 난다.

식힌 빵을 비닐봉지에 넣고 잘 봉해서 하루 동안 두었다가 개봉하면 먼저 가루의 탄내와 캐러멜 냄새가 난다. 이것을 둘로 가르면 크럼에서 이스트, 알코올 냄새는 거의 다 사라지고 대신 캐러멜 냄새와 가루의 탄내가 강하게 느껴진다.

이렇게 해서 크럼 부분의 이스트와 알코올취가 빵 속 수증기와 함께 빠져나가고 크러스트 부분의 캐러멜 냄새와 탄내가 크럼 부분으로 흡수되었음을 알 수 있다.

〈크러스트가 흰색인 빵〉

구운 직후의 향긋한 캐러멜 냄새, 달콤한 냄새, 가루의 탄내가 무척 연하고 둘로 갈라 크럼 부분의 냄새를 확인하면 제일 먼저 코를 찌르는 것은 반죽과 이스트 냄새 그리고 알코올 냄새이다.

식힌 식빵을 비닐봉지에 넣어 잘 봉해서 하루 동안 두면 생반죽 냄새와 달콤한 향이 감돌고 알코올 냄새는 나지 않는다. 크럼도 이스트와 알코올취가 빠져나가고 버터 등 강한 소재의 냄새만 난다. 캐러멜 냄새와 가루의 탄내는 거의 나지 않는다.

< 원 포인트 레슨 5 **캐러멜화 반응** >

캐러멜화 반응은 가열에 의해 당이 갈색으로 변하는 것을 뜻한다. 즉 백설탕이 크림색에서 적갈색을 거쳐 갈색으로 변하는 것이다.

색깔뿐 아니라 향과 맛도 동시에 변한다. 물에 녹인 설탕물의 단맛이 수분이 빠져 응축된 달콤함으로 바뀌고 점점 쓴맛이 된다. 향기는 마일드한 캐러멜에서 탄내로 바뀐다.

당이 캐러멜화하여 갈색 생성물이 되려면 비교적 고온이 필요한데, 설탕물이 끓어 125~130℃ 정도가 되면 수분이 거의 증발하고 캐러멜화가 시작된다. 그리고 150~160℃에 완성되어 푸딩 등에 흔히 쓰이는 황금빛의 부드러운, 쓴맛과 풍미를 모두 갖춘 캐러멜이 된다.

크러스트의 방향은 주로 반죽 속 당분이 캐러멜화한 것인데, 그 성분은 대부분 불포화 복합 고분자 화합물이다. 메일라드 반응은 초기, 중기, 후기까지 세 단계로 나

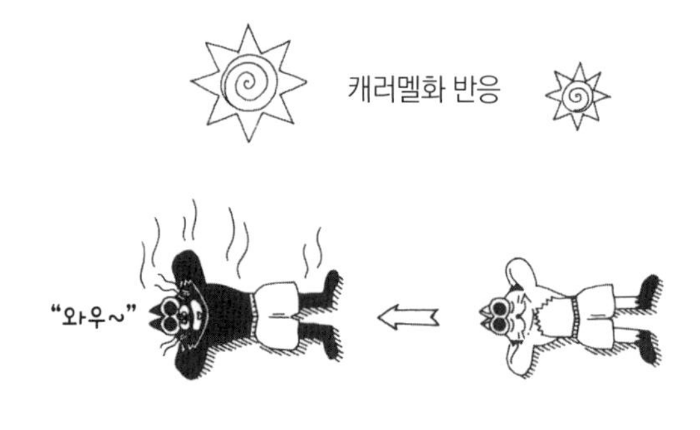

< 원 포인트 레슨 6 **메일라드 반응** >

눌 수 있는데 각 단계에서 색깔도 무색, 노란색, 갈색으로 변한다. 이는 아미노산, 단백질 등 아미노 화합물(아미노기-NH_2를 지닌 물질)과 포도당, 과당 등 카보닐 화합물(환원기-OH를 지닌 물질)이 가열에 의해 서로 반응하면서 최종 단계에서 멜라노이딘 색소를 생성한다.

메일라드 반응은 캐러멜화 반응보다 비교적 저온에서 반응을 시작한다. 우선 가열을 시작해 150℃ 전후에서 메일라드 반응이 먼저 일어나고 190℃ 전후에서 당질의 캐러멜화가 일어나기 때문에 캐러멜화 반응의 방해를 받지 않는다. 또 빵의 크러스트에 색을 입히고, 풍미와 맛에 큰 영향을 준다.

한편 빵 반죽 속 당질의 캐러멜화와 백설탕만 끓여 캐러멜로 만드는 경우는 당질의 종류와 순도가 다르기 때문에 온도도 다르다.

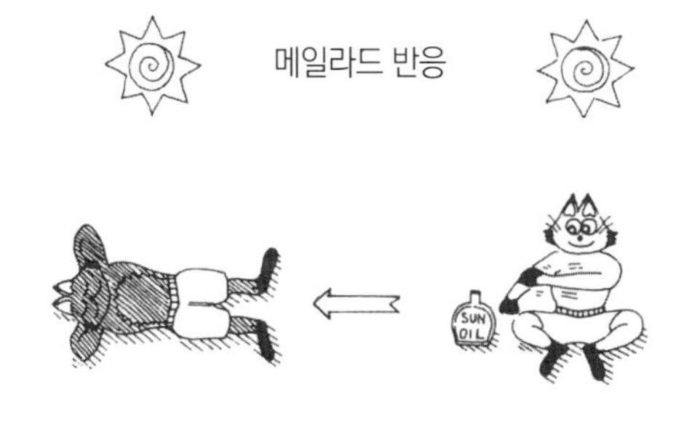

오븐의 온도

왜 오븐 내 온도를 미리 올려 두어야 하나요?

빵의 종류에 따르기도 하지만 예열하지 않은 오븐에 반죽을 넣어서 실제로 구울 때까지 시간이 오래 걸리면 돌처럼 딱딱한 빵이 나오게 된다.

일반적으로 빵을 굽는 온도는 200℃ 전후다. 물론 빵의 종류와 크기에 따라

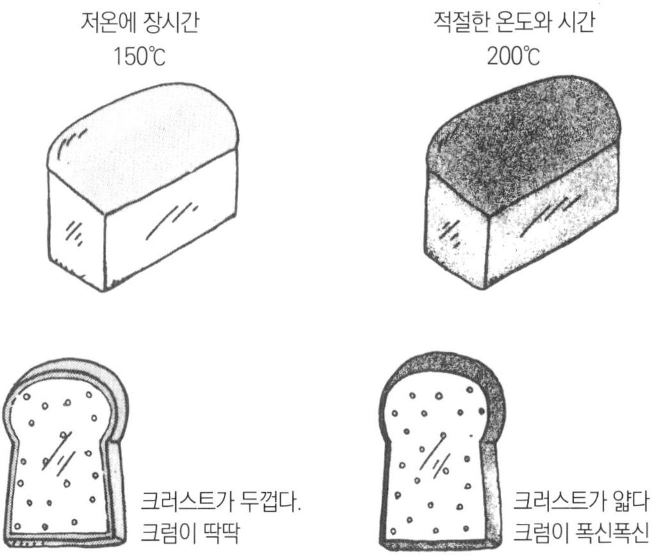

저온에 장시간
150℃

적절한 온도와 시간
200℃

크러스트가 두껍다.
크럼이 딱딱

크러스트가 얇다
크럼이 폭신폭신

굽는 시간은 몇 분에서 한 시간까지 달라진다. 가정용 오븐의 경우 몇 분 사이에 200℃까지 온도가 올라가지만 업소용 오븐은 적어도 1시간 이상 걸린다. 1시간 넘게 오븐 온도를 올리면 그 사이에 반죽의 발효가 진행되어 타이밍을 놓치고 거의 모든 수분이 증발해 버리는 것이다.

또 가정용 오븐이라도 미리 200℃ 전후까지 온도를 올려두는 편이 반죽을 넣고 굽는 시간까지 단축시킬 수 있고 열도 고루 잘 미치기 때문에 폭신폭신 부드러운 빵이 나오게 된다.

프랑스빵의 쿠프

성형한 바게트와 바타르의 표면에 겹치듯이 칼집을 넣는 이유는 무엇인가요?

성형한 바게트와 바타르 등의 반죽 표면에 칼집을 넣는 것을 '쿠프를 넣는다'라고 표현한다. 쿠프를 균일한 간격으로 넣으면 반죽이 팽창할 때 내부의 압력이 빠져서 막대기 모양 빵의 형태를 잘 갖출 수 있다. 또 오븐 내에 열이 고르게 돌아 빵에 볼륨을 줄 수 있기 때문에 디자인 효과 차원에서 쿠프를 넣기도 한다. 한편 쿠프의 개수는 빵의 종류와 크기에 따라 다르지만 그 목적은 동일하다.

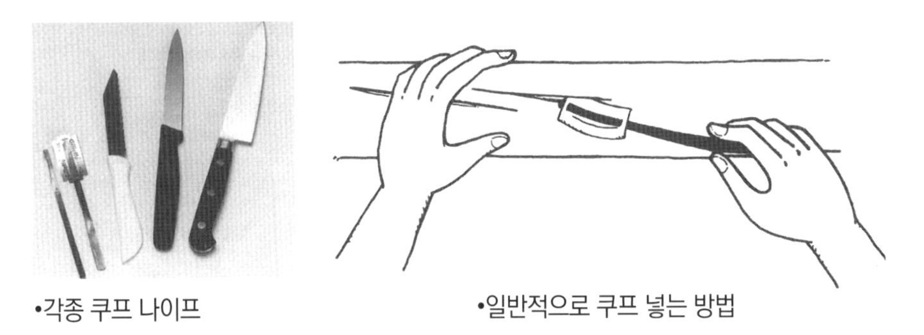

•각종 쿠프 나이프　　　　　•일반적으로 쿠프 넣는 방법

쿠프는 쿠프나이프를 반죽 표면에 수평으로 두고 표면 껍질을 벗기는 듯한 느낌으로 넣는다. 반죽에 수직으로 깊이 넣어버리면 구웠을 때 칼집 중앙 부분부터 반죽이 솟아오르듯이 볼록 튀어나와 버린다. 쿠프는 표피가 얇게 벗겨져 규칙적으로 서로 겹치게 내야 보기 좋게 느껴지는 법이다.

피타빵 만드는 비법

피타빵은 속이 텅 비어 있는데, 왜 구울 때 밑불을 강하게 해야 하나요?

피타빵은 지중해와 중동 지역에서 오래전부터 전해져 온 개성이 강한 빵이다. 주목해야 하는 점은 우선 특이한 모양과 먹는 방식이다. 피타빵은 위아래 껍질이 얇고 안은 텅 비었다. 반으로 갈라서 안에 다른 먹거리를 채워서 먹는다.

피타빵을 구울 때 밑불을 강하게 하는 이유는 이 텅 빈 속을 만들기 위해서다. 구울 때 윗불을 강하게 하면 초기부터 반죽 표면이 단단하게 구워져 반죽이 늘어나는 것을 방해하지만, 윗불을 약하게 하고 밑불을 강하게 하면 반죽이 잘 늘어난다. 또 오븐 안에서 반죽의 팽창과 탄산가스 발생이 활발해져 빵이 잘 부풀어 오르

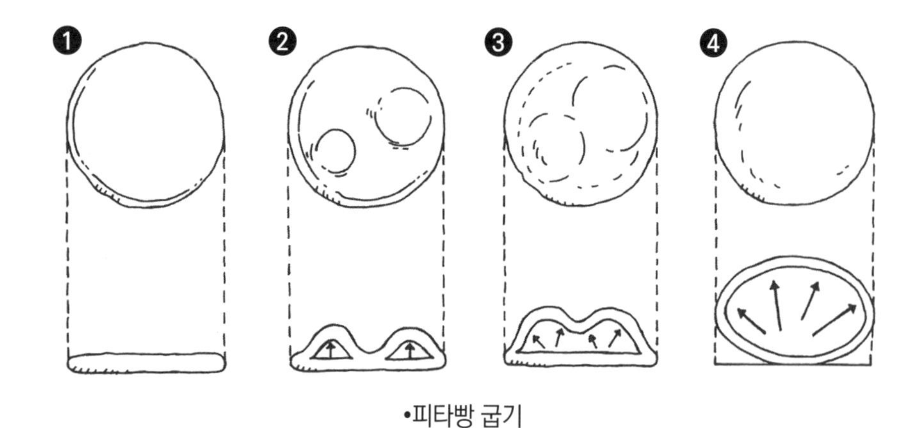

•피타빵 굽기

기 때문에 속이 텅 비게 만들어지는 것이다.

덧붙이자면 피타빵은 껍질이 얇은 만큼 굽는 시간이 길어지면 껍질이 바삭바삭해져 부서지기 쉽다. 이를 피하기 위해 비교적 고온 단시간에 굽는 것이 속을 깔끔하게 비우는 비결이라고 하겠다.

베이글의 식감

베이글은 왜 굽기 전에 한 번 데치나요?

베이글은 그 기원에 여러 가지 설이 있어서 아직 베일에 가려진 부분이 많은데, 일단 유대인이 처음 만들었고 그들이 각 나라로 이주하면서 전 세계로 퍼져나갔다고 한다.

베이글의 특징은 굽기 전에 한 번 데치는 데 있다. 발효한 빵 반죽을 1~2분 동안 데치면 반죽 속 가스가 팽창하면서 반죽도 부푼다. 이것을 오븐에 넣고 구우면 빵은 더 이상 부풀지 않는다. 데쳐서 열을 줌으로써 발효와 팽창이 중단되고 볼륨이 정해져 버려서 구울 때 빵이 더 부풀지 않는 것이다. 이렇게 하면 폭신폭신하게 구워지지 않는 대신 씹는 맛이 매력적인 빵이 된다.

또 반죽 속의 물을 빨아들인 전분은 90℃ 전후의 뜨거운 물에 데치면 호화(풀처럼 변하는 것)한다. 다시 오븐으로 재가열하여 호화된 전분을 굳히면 씹는 맛이 좋은 빵을 만들 수 있다.

게다가 데치면 반죽 표면이 충분히 물을 흡수하여 표면의 전분이 호화한다. 이것을 구우면 물기가 마르면서 크러스트에 윤택이 나고 바삭바삭해지며 먹음직스러운 구움 색을 띠게 된다.

지금까지 베이글 반죽을 데치는 목적에 대해 알아보았는데, 옛날에는 왜 데쳤는지 그 이유는 아직 확실하게 밝혀지지 않았다.

•몰트 시럽을 녹인 뜨거운 물에 반죽 데치기

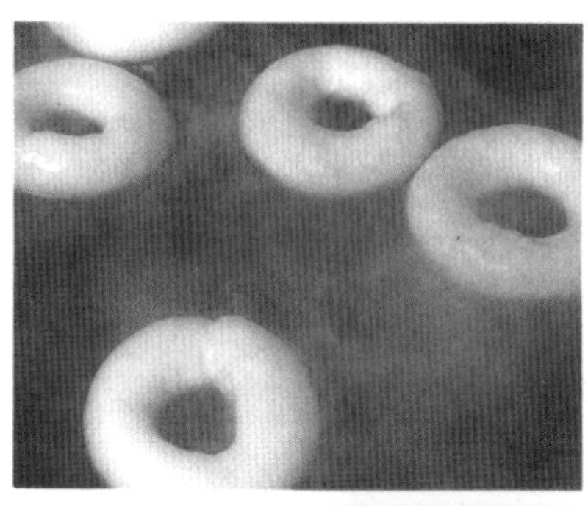

•앞뒤로 뒤집어 전체적으로 크기가 한 차례 커지면 꺼낸다

빵 윤기 내기

달걀물을 발라 구우면 빵이 반들반들해지는 이유가 무엇인가요? 또 달걀물에 물은 왜 넣나요?

여기에는 두 가지 주된 이유가 있다. 우선 달걀노른자에 들어 있는 카로틴이라는 노란 색소의 효과다. 반죽 표면에 카로틴을 바르면 빵이 구워지면서 점점 노란 빛을 띠게 된다.

두 번째로 달걀흰자에 들어 있는 단백질의 열변성 효과 때문인데 공기에 닿거나 가열되면서 얇은 막 형태가 되고, 이것이 빛나면서 빵의 표면이 윤기 나는 것이다.

한편 달걀물에 물을 넣어 묽게 만드는 이유는 전란을 써서 구움색이나 광택이 지나칠 때 조정하기 위해서다. 이렇게 하면 그대로 달걀물만 발랐을 때보다 구움색과 윤기가 덜해진다. 반대로 빛깔과 광택을 강하게 내고 싶다면 달걀노른자의 비율을 높이거나 설탕과 미림을 극소량 넣으면 된다.

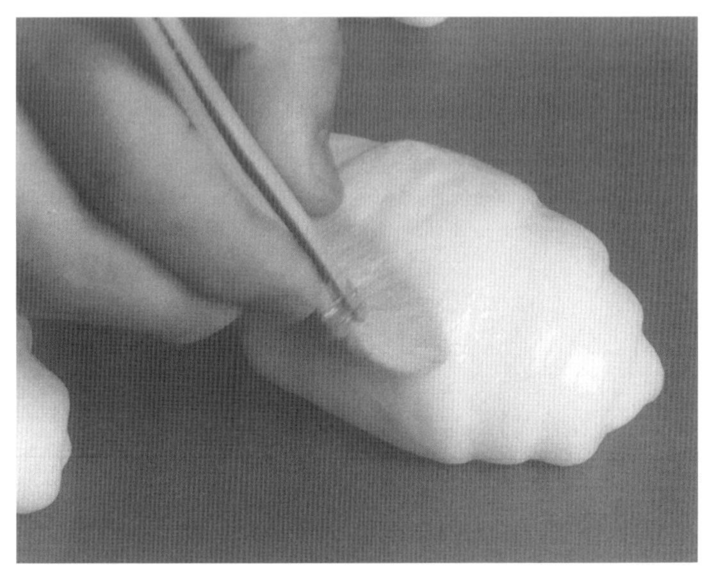

•테이블 롤에 달걀물을 발라 광택을 낸다

태우지 않고 광택을 내는 쇼트닝

오븐에서 빵을 꺼낸 후 표면에 쇼트닝을 바르기도 하는데,
달걀물과의 차이점은 무엇인가요?

달걀물도, 빵을 초벌구이 한 직후 쇼트닝을 바르는 것도 그 목적은 똑같이 광택이다. 빵의 개성에 따라 다르겠지만 비교적 굽는 시간이 긴 편인 산형 식빵 등은 나중에 쇼트닝을 바르는 경우가 많다. 오랜 시간 구우면 빵 표면에 바른 달걀 속 단백질 등의 물질이 타버리기 때문이다. 이렇게 굽는 도중에 타는 것을 피하는 의미

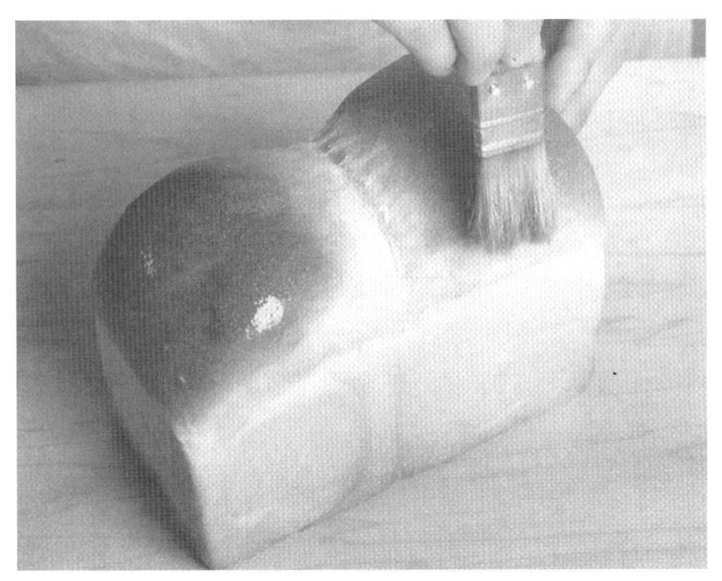

•오븐에서 꺼내자마자 솔로 쇼트닝을 바른다

로 달걀을 바르지 않고 구운 다음 오븐에서 꺼내서 광택을 내려고 유지나 달걀물을 바르는 경우가 있다.

그 밖의 경우 무엇으로 빵에 광택을 낼지, 또 내지 않을지는 각 빵의 개성과 만드는 이의 개인적 취향 문제일 것이다.

프랑스빵 특유의 크러스트

프랑스빵의 껍질은 얇고 바삭바삭한데 왜 속은 촉촉하고 부드럽나요?

우선 속이 촉촉하고 부드러운 이유부터 알아보자. 프랑스빵은 린 타입이어서 다른 빵보다 믹싱 속도도 느리고 시간이 적게 들어가는 만큼 발효 시간을 길게 잡아 반죽을 숙성시킨다. 그래서 밀가루 속 전분 입자가 물을 충분히 흡수하여 수화 상태가 좋은 반죽이 된다. 수화 상태가 좋은 반죽은 반죽 속 결합수(물 분자가 다른

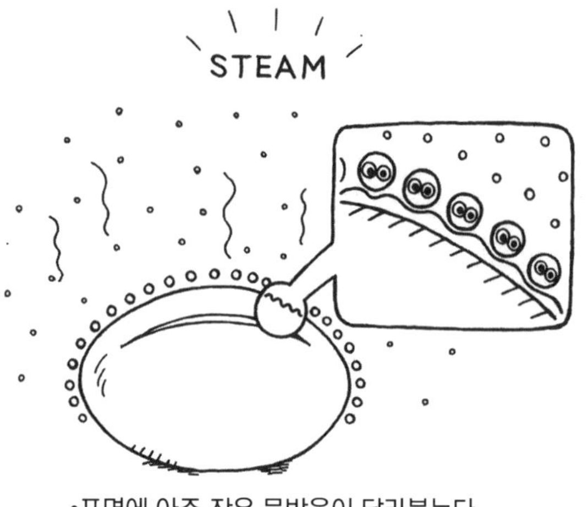

•표면에 아주 작은 물방울이 달라붙는다

분자와 결합해 고정되어 물 분자 단체(單體)로 그 형태를 바꾸기 힘든 것)가 늘어나고 유리수(반죽 속에 물 분자 단체로 존재하고 그 모양이 바뀌기 쉬운 것)는 반대로 줄어든다. 결합수가 늘어남으로써 다 구워진 빵 속에 남아 있는 수분량도 늘어나서 식감이 촉촉한 것이다.

이어서 프랑스빵 특유의 크러스트에 대해 알아보자. 다른 빵과 다른 점은 굽기 초기 단계에서 오븐 속에 수증기가 가득하다는 사실이다. 그렇기 때문에 아주 작은 물방울이 반죽 표면에 달라붙어 표면을 촉촉하게 만든다. 이렇게 해서 고온에서 건조, 구우면 바삭바삭한 크러스트가 나오게 된다. 또 반죽 표면이 촉촉하면 신장성이 좋아지고 오븐 스프링이 원활하게 진행되면서 얇은 껍질이 된다.

PART 04

빵에 관한 여러 가지 상식

•린 타입 빵(왼쪽)과 리치 타입 빵(오른쪽)

세계에서 가장 오래된 빵

<u>세계 최초의 빵은 누가 언제 어떤 모양을 어떤 식으로 만들었나요?</u>

이에 관해서는 어느 정도 추측이기는 한데, 우선 인류가 제일 처음 먹은 곡물은 기원전 7000년 전 메소포타미아 지역의 밀이었다고 한다. 처음에 사람들은 밀과 보리로 죽을 쒀서 먹다가, 점점 먹는 방법을 알게 되면서 나중에는 경단과 전병을 만들게 되었다.

기원전 4000년 무렵에는 이집트에서 돌절구를 만들어 밀과 보리를 가루 내 밀 전병과 맥주를 만들었다. 후에는 맥주 발효종을 밀가루에 섞어서, 갈레트라고 부르는 납작한 빵을 굽게 되었다. 이것이 세계에서 가장 오래된 빵이라고 한다. 실제로 지금까지 형태가 남아 있는 세계에서 가장 오래된 빵은 스위스의 트완(Twann) 호수 부근에서 발굴된 것으로, 기원전 3500년 전후에 밀가루만으로 만들어진 무게 250g, 지름 17㎝에 윗부분이 부푼 둥근 모양의 빵이다.

즉 지금으로부터 5500~6000년 전에는 인류가 적어도 현재 우리가 먹고 있는 빵의 원형을 먹었던 셈이다.

• 갈레트의 재현

한국과 일본에서의 빵의 역사

빵은 어떻게 해서 전해지게 되었나요?

현재 우리가 빵이라고 부르는 것은 포르투갈어 pão에서 유래한 말이다. 1543년 포르투갈 무역선이 일본 다네가섬(種子島)에 표류한 것이 서양에서 건너온 빵의 시작이라고 보고 있다. 그 후 1549년 스페인의 프란시스코 하비에르 신부가 기독교를 전파하면서 빵과 와인, 총기류, 양복 등 서양 문물이 점점 들어오게 되었다. 스페인어로 빵은 pan으로 포르투갈어와 철자는 다르지만, 일본인들은 같은 발음으로 받아들였던 것이리라. 포르투갈 배가 몇 년 빨리 일본에 들어왔기에 빵의 어원을 포르투갈어로 삼고 있지만 확실히 인정할 수 있는 역사적 사실은 남아 있지 않다. 우리나라는 구한말 선교사들에 의해 빵과 케이크가 전해졌다.

아무튼 오늘날 일반적인 발효빵의 원형은 당시 포르투갈 왕국과 에스파냐 왕국(스페인)에서 온 것으로 한정할 수 있으리라.

발효빵의 정의

세계 각국에 다양한 종류의 빵이 있는데, 과연 빵은 어떻게 정의 내릴 수 있을까요?

곰곰이 생각해봐도, 문헌 등을 뒤져도, 이렇다 할 명확한 정의는 나오지 않는다. 빵은 음식이고, 그것도 전 세계 많은 사람이 주식으로 삼고 있다. 구운 것, 찐 것, 튀긴 것, 발효시킨 것과 아닌 것, 큰 것과 작은 것 등 그 종류는 끝도 없다. 무려 수천에 이르는 숫자라고 한다.

여기서는 우선 발효빵에 한정해 정의를 내려 보려고 한다. 빵이란 ① 곡물 가루와 물, 소금, 어느 종의 효모와 세균의 발효력을 ② 기본 재료로 삼는다. 거기에 ③ 부재료(설탕, 유지, 유제품, 달걀 등)를 필요한 만큼 첨가한 후에, ④ 믹싱해서 반죽을 만든다. 반죽 ⑤ 발효 후 ⑥ 성형 과정을 거쳐서 ⑦ 재발효하고 ⑧가열한 것이다.

조금 길어졌는데, 이해를 더 깊게 하게 위하여 위의 정의를 하나하나 살펴보도록 하자.

① 곡물 : 밀, 보리, 쌀, 호밀, 옥수수 등의 일년초 종자. 현재 아홉 종류가 곡물로 인정받았다. 곡물은 인간에게 필요한 3대 영양소 중 하나인 당질을 배유 부분에 전분 형태로 많이 함유하고 있다.
② 기본 재료 : 곡물 가루, 물, 소금, 발효에 관여하는 미생물까지, 이 네 가지만 있으면 충분히 식용 가능한 발효빵을 만들 수 있다.
③ 부재료 : 빵에 다양한 변화를 주기 위한 부가적인 재료
④ 믹싱 : 모든 재료를 넣고 반죽하는 것
⑤ 발효 : 여기서는 좁은 의미로, 빵 반죽이 팽창하고 숙성하는 것
⑥ 성형 과정 : 보통은 믹싱 후 발효시킨 반죽을 분할, 둥글리기, 성형 과정을 거쳐서 빵의 최종적인 형태를 잡는 것
⑦ 재발효(최종 발효) : 빵에 풍부한 볼륨을 주기 위해 반죽을 팽창시켜 발효하는 것
⑧ 가열 : 최종적으로 발효시킨 빵 반죽에 열을 가해 식품으로 만드는 최종 공정. 굽고 튀기고 데치고 찌는 등의 방법이 있다.

주식으로서의 영양가

밥이 빵보다 속이 든든하다고 말하는 이유는 무엇인가요? 또 둘 중 무엇이 영양가가 좋은가요?

빵은 폭신폭신한 스펀지 모양이다. 그래서 위에 들어갔을 때 수분 흡수가 빠르기

때문에 분해, 소화도 빠르다. 그런 이유로 빵보다 밥이 더 속이 든든하다(소화가 나쁘다고도 할 수 있다)고 하는 것이다.

또 영양가는 밥과 빵의 종류에 따라 다를 텐데, 여기서는 흰 쌀밥과 식빵의 성분을 가지고 비교해보려고 한다.

흰 쌀밥 한 공기가 약 140g, 식빵 한 줄에 약 400g이라고 할 때, 아무것도 첨가하지 않은 맨 식빵 두 장과 밥 한 공기는 거의 같은 양이다.

이렇게 해서 비교하면 식빵이 밥보다 고칼로리이고 영양가도 전반적으로 높다고 볼 수 있다. 하지만 중요한 것은 반찬으로 무엇을 먹는가에 따라 한 끼의 영양가가 결정되는 법이다.

흰 쌀밥과 식빵의 주요 영양 성분

영양소	흰 쌀밥(100g)	식빵(100g)
열량	148.0㎉	260.0㎉
수분	65.0g	38.0g
단백질	2.6g	8.4g
지질	0.5g	3.8g
당질	48.0g	31.7g
미네랄	61.0㎎	722.0㎎
비타민	0.54㎎	1.34㎎
식염	0.0g	1.3g

*미네랄은 칼슘, 인, 철, 나트륨, 칼륨을 함유한다. 비타민은 A, B, C, D, E를 함유한다.
*밥 한 공기는 대략 140g, 식빵 한 줄은 약 400g으로 계산하였다.
*일본 식품성분표 1991년판

쌀과 밀의 성분 차이

쌀가루로도 빵을 만들 수 있나요?

쌀가루로 산형 식빵을 구워 보았다. 밀가루로 만든 빵과 똑같은 과정을 거쳤는데 폭신한 빵과는 거리가 먼, 표면이 울퉁불퉁한 바위 같고 볼륨감이라고는 없는 빵이 나왔다.

• 쌀가루는 글루텐이 만들어지지 않는다

왜 밀가루로 만든 빵처럼 폭신폭신하게 부풀지 않았을까? 답은 쌀의 성분과 밀의 성분의 차이에 있다. 주성분은 둘 다 전분이지만, 밀에는 전분 이외에도 특유의 단백질 글루테닌과 글리아딘이 있는 반면 쌀에는 없다. 글루테닌과 글리아딘이 물과 결합해서 생기는 글루텐의 유무가 빵이 부풀어 오르는 데 결정적인 역할을 한다. 글루텐이 들어 있는 밀가루로 만든 빵은 발효하면서 생기는 탄산가스를 보유해서 폭신폭신 부풀어 오르는 반면, 글루텐이 없는 쌀가루로 만든 빵은 돌처럼 딱딱하고 묵직한 빵이 된다. 이는 쌀가루에 한한 이야기가 아니고 호밀, 귀리도 단일로는 폭신한 빵을 구울 수 없다.

이는 밀과 쌀에 든 전분의 성질 차이에 의한 것이다. 전분 입자 속 아밀로오스와 아밀로펙틴 비율, 전분 입자의 굳기 차이 등 다양한 요인이 있다. 그러한 요인들로 인해 가열 시 열이 가해지는 정도, 호화 상태가 달라지기 때문에 완성된 빵이

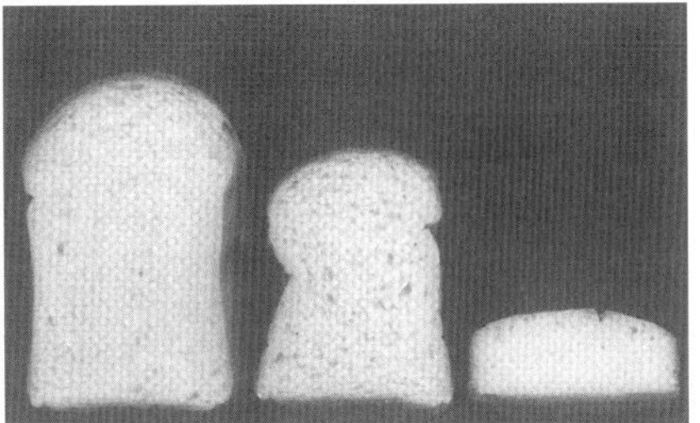

• 왼쪽부터 밀가루로 만든 빵, 바이탈 밀 글루텐을 쌀가루에 섞은 빵, 쌀가루로만 만든 빵

밀로 만든 것과 크게 차이가 나버리는 것이다.

결론을 내리자면 아직까지는 쌀가루를 써서 밀가루 빵과 똑같은 질을 만들어 내기란 무리인 듯하다.

곰팡이가 번식하는 조건

빵에 왜 곰팡이가 피나요? 곰팡이가 피지 않게 하려면 어떻게 해야 하나요?

빵에 피는 대표적인 곰팡이로는 조균류 털곰팡잇과에 속하는 리조푸스(Rhizopus)와 자낭균류에 속하는 누룩곰팡이, 푸른곰팡이, 붉은빵곰팡이 등이 있다. 이 중에는 사람에게 유익한 것도 있고 해로운 것도 있다.

곰팡이는 세균에 비해 발육에 최소한으로 필요한 수분 활성도가 낮아, 빵이 최적의 배지(미생물의 번식, 배양에 적합한 장소)라고 할 수 있다. 빵의 평균 수분 함유량은 20~40%이고 수분 활성도 0.90~0.95로 높아서 수분 함유량과 함께 미생물에게는 아주 좋은 환경이다.

빵에 달라붙는 곰팡이

다만 빵은 크러스트가 크럼을 덮고 있기 때문에 구운 직후에는 곰팡이가 번식하지 않는다. 하지만 실온이나 냉장 보존

하게 되면 크럼 속 수분의 기화가 일어난다. 그러면서 크러스트가 수분을 흡수해 수분 함유량과 수분 활성의 수치를 끌어 올려 미생물이 번식할 수 있는 배지가 되어버리는 것이다.

물론 빵의 종류와 굽는 방식(열이 미치는 정도), 수분 함유량 및 수분 활성의 차이에 따라 그 시기는 다르지만, 빠르면 하루 만에 육안으로 확인 가능할 만큼 곰팡이가 번식한다.

그렇다면 곰팡이의 번식을 방지하는 방법은 없을까? 우선 다 구운 빵에 곰팡이균이 붙지 않게 막는 것이 제일이다. 애당초 오븐에서 꺼낸 시점에서 빵은 거의 무균 상태나 다름없으므로 곰팡이의 번식은 그 후의 오염에 따른 것이라 할 수 있다.

실제 현장에서는 곰팡이 번식을 막기 어렵지만, 가능한 것부터 조금씩 조심하기로 하자. 우선 빵을 담는 판은 전용판을 쓰도록 한다. 그리고 하루 작업을 마무리할 때 건조가 잘 되는 곳으로 이동해 보관하는 것이 중요하다. 빵판은 그날 구운 빵의 수분을 흡수하므로 그대로 내버려두면 곰팡이 등 미생물이 번식하기 쉬운 환경이 되기 때문이다.

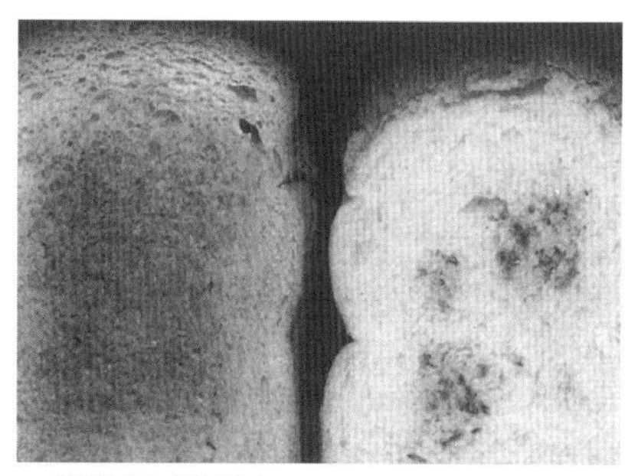
• 빵에 핀 곰팡이

다 구운 빵을 다루는 데에도 주의가 필요하다. 빵 보관함은 매일 알코올로 소독할 것. 또 식빵을 썰 때는 소독을 끝낸 얇은 고무장갑을 낄 것. 절대 돈 등을 만진 손으로 빵의 단면을 만져서는 안 된다. 위와 같은 사항을 지키기만 해도 곰팡이의 번식을 상당히 막을 수 있을 것이다.

곰팡이 이외에도 빵에 번식하는 세균이 있다. 보통 로프균이라고 부르는 바실러스 메센테리쿠스(B.mesentericus)다. 이 균이 침투하면 크럼 부분의 전분과 단백질이 분해되어 실을 당기는 듯한 상태가 된다. 이를 로프 현상이라고 부른다. 이 단계까지 오염된 빵은 악취를 풍겨서, 부패 상태에 있다고 말해도 과언이 아니다.

번식에서 부패까지 이삼일 정도 걸린다.

바실러스 메센테리쿠스는 채소와 곡물의 표피에 붙어 있으며, 사람의 손과 작업대를 매체로 삼아 빵 반죽에 들어가 포자(균류와 식물이 무성 생식 수단이 되어 형성되는 생식 세포. 배우자(配偶子)와 달리 단독으로 발아, 성장하여 새로운 세대를 이룬다)를 만들며 번식한다.

이 포자는 내열성이 무척 강해서 140℃ 이상에서도 죽지 않는다. 그래서 많은 균이 침투한 반죽은 구운 후에도 이 포자가 빵에 남아 있다가 적절한 온도가 되었을 때 발아, 증식한다. 예방책은 공장을 청결하게 하는 것이다. 다만 실제로 번식해서 부패까지 이른 사례는 잘 찾아보기 어렵다.

식빵을 자를 때는 잊지 말고 고무장갑을 끼자

<원 포인트 레슨 6 **수분 활성(AW)**>

빵에 관심이 있는 사람이라면 수분 활성이라는 단어를 들어 보았을 텐데, 식품 속 수분 함유량과 혼동하는 경우가 많은 것 같다. 이를테면 식빵은 수분 함유량이 38% 전후인데, 수분 활성은 0.90~0.95다.

그렇다면 수분 활성(AW=Water Activity)이란 무슨 수치일까? 식품 속의 물은 자유수와 결합수로 구분할 수 있다. 아무것도 녹아 있지 않은 순수한 물이 자유수인데, 이 자유수에 소금과 설탕이 녹아 들어가면 결합수가 된다. 그리고 자유수를 많이 함유한 식품의 수증기압은 높고, 결합수를 많이 함유할수록 수증기압은 낮다는 원리를 잘 응용하여 순수를 기준으로 얼마만큼 수증기압이 낮아졌는지를 나타낸 것이 바로 수분 활성 수치다. 순수의 수증기압을 Po, 식품의 수증기압을 P라고 할 때, AW=P/Po로 나타낸다.

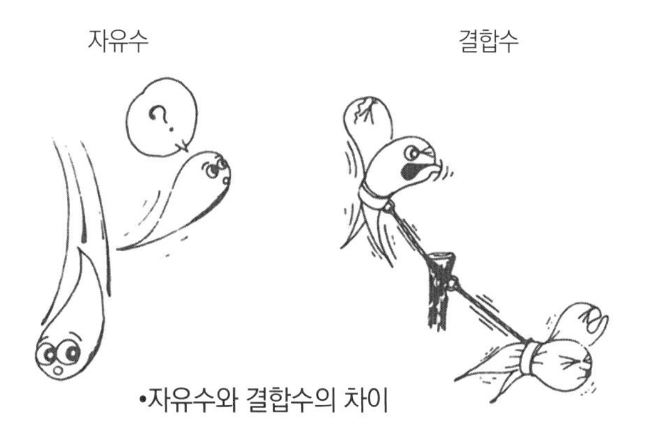

•자유수와 결합수의 차이

수분 활성은 이론상 0에서 1.0까지 변화한다. 0은 식품 속에 자유수가 하나도 없는 상태이고, 1.0은 순수의 집합체다. 다만 현실적으로 양극단의 절댓값이 되는 일은 없다.

앞에서 말했듯 수분 함유량과 수분 활성의 관계는 제각각이지만, 서로 전혀 관계가 없는 것도 아니다. 애당초 수분 함유량은 자유수와 결합수를 불문하고 요구되는 것으로 식품 속에 어느 정도의 비율로 존재하는지를 %로 표시한다. 수분 활성은 식품 속의 자유수만을 대상으로 한다. 즉 원래 수분 함유량이 적은 식품은 당연히 자유수

< 원 포인트 레슨 6 >

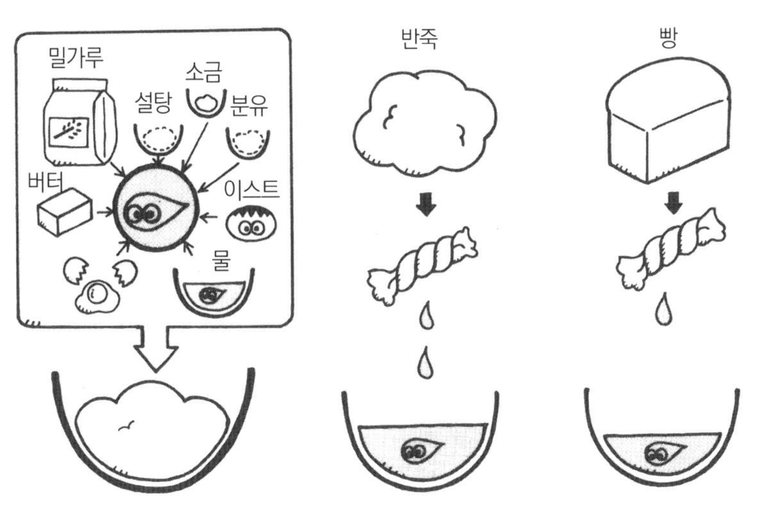

•수분 함유량은 식품 속에 들어 있는 전체 수분량의 비율

함유량도 감소하기 때문에 상온(25℃)에서 기화 수분의 양도 줄어서 수증기압 역시 적어진다. 요컨대 정도 차이는 있지만 수분 활성은 수분 함유량에 비례해서 증감한다.

왜 빵을 포함한 식품의 수분 활성을 중요시하는가 하면, 수분 활성이란 식품 보존 및 식품 관리상 미생물(특히 곰팡이류, 세균류)의 번식을 방지하기 위하여 그 번식에 필요한 수분을 측정하는 것을 목적으로 개발된 이론이기 때문이다. 지구상의 모든 생물은 생명을 유지하기 위해 물을 필요로 한다. 산소가 없어도

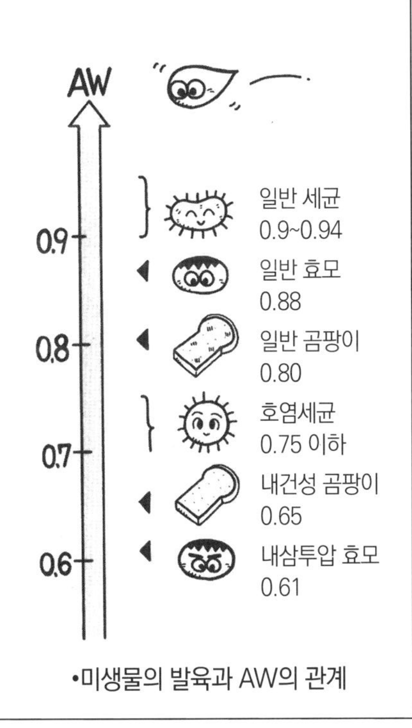

•미생물의 발육과 AW의 관계

< 원 포인트 레슨 6 >

살 수 있는 미생물은 존재하지만 물 없이 살 수 있는 생물은 없다.

식품 속의 수분 함유량은 보통 105℃에서 일어나는 건조 항량(恒量)법에 따라 무게 %로 알 수 있다. 그리고 이 수분 함유량이 15% 이하가 되면 미생물이 번식하지 않는다고 볼 수 있다. 다만 이 수분 함유량만으로는 그 보존성과 저장성을 판정하기 불가능한 경우가 있다. 이를테면 수분이 40%인 식품이라도 옆의 표와 같이 식염과 설탕이 많이 들어 있는 경우 미생물의 번식을 상당히 막을 수 있다. 즉 물에 잘 녹는 물질을 많이 함유한 식품은 수분 함유량이 많더라도 미생물의 번식을 막을 수 있음을 의미한다. 이는 물에 잘 녹는 물질이 물과 결합하여 미생물이 번식하는 데 필요한 물을 쓸 수 없게 해서인데, 식품 속에 이러한 물의 상태를 나타내기 위해 생각한 것이 수분 활성인 셈이다.

설탕 및 식염 농도와 AW의 관계(25℃)

AW	설탕(%)	식염(%)
0.995	8.51	0.87
0.990	15.40	1.72
0.980	26.10	3.43
0.940	48.20	9.38
0.900	58.40	14.20
0.850	67.20	19.10
0.800		23.10

프랑스빵의 크러스트와 크럼 비율

왜 프랑스빵은 크기와 모양이 다양한가요?

프랑스빵은 반죽 배합이 같아도 그 형태가 다양하다. 쁘띠 브레드에서부터 대형 바게트며 파리지앵까지, 그 무게와 형태를 바꿈으로써 미묘하게 맛과 식감이 달라진다. 다만 이는 사람의 오감에 호소하는 부분인 만큼 절대 평가는 불가능하다. 하지만 같은 반죽으로 만든 빵인데도 길고 얇은 것과 짧고 두꺼운 것, 작고 둥글둥글한 것은 저마다 맛이 다르다.

빵의 크기에 따라 맛이 달라진다

왜냐하면 바삭바삭하고 고소한 크러스트의 비율과 쫄깃한 크럼의 비율이 달라지기 때문이다. 같은 반죽, 반죽 무게라도 빵의 형태가 달라지면 빵의 볼륨도 달라진다. 볼륨이 달라지면 크러스트의 표면적, 크럼의 밀도도 같이 변한다. 그러니 사람마다 빵을 베어 물었을 때 다른 느낌을 받는 것이다.

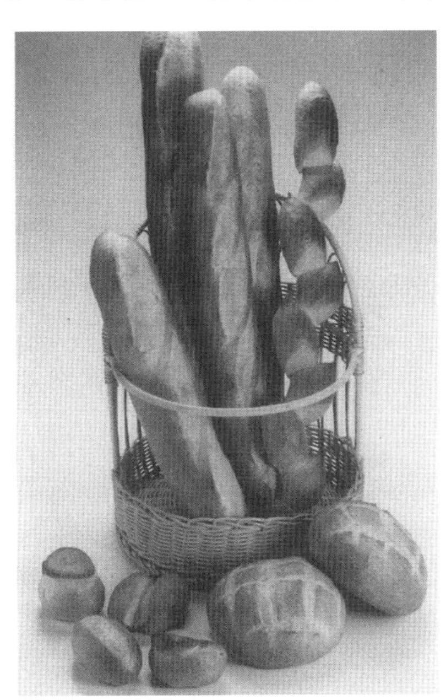

•바구니 속, 왼쪽부터 바타르, 파리지앵, 바게트, 에피. 아래 왼쪽부터 샹피뇽, 쿠페, 팡뒤, 타바티에르, 불

이 현상은 프랑스빵뿐만이 아니라 다른 모든 빵에도 해당한다. 일반적으로 반죽이 잘 부풀어 볼륨이 크면 클수록 맛은 연해지고, 작으면 작을수록 진하게 느껴진다. 식감도 볼륨이 크면 크럼 부분이 늘어나 많은 공기를 머금게 되므로 폭신폭신한 반면 볼륨이 작으면 공기를 그다지 머금지 않은 밀도 있는 크럼이 되는 만큼 쫄깃쫄깃해진다.

프랑스빵의 경우 크러스트는 얇고 바삭바삭하며 크럼은 묵직하기 때문에 다른 빵보다도 그 차이가 뚜렷이 드러나는 것이다.

프랑스빵의 노화

프랑스빵을 갓 구웠을 때는 겉껍질이 바삭바삭하고 크럼은 부드러운데, 왜 금세 껍질이 눅눅해지고 안은 퍼석퍼석해지나요?

갓 구운 프랑스빵은 크러스트가 바삭바삭하고 구수한 냄새가 감돌아 식욕을 마구 돋운다. 하지만 조금만 그대로 두면 우선 크러스트가 눅눅해진다. 이는 크러스트가 너무 말라 대기 중의 습기를 흡수하기 쉬운 상태이기 때문이다. 또 크럼에서 증발한 수분도 크러스트가 흡수해버린다. 반면 크럼은 수분이 증발해서 굳기 시작한다. 여기에 크럼의 주요 구성물인 전분의 β화도 한몫 거들면서 빵이 퍼석퍼석해진다. 이렇게 두세 시간 정도 두면 갓 구웠을 때의 크러스트, 크럼과는 상반된 상태가 된다.

•프랑스빵의 크러스트 변화

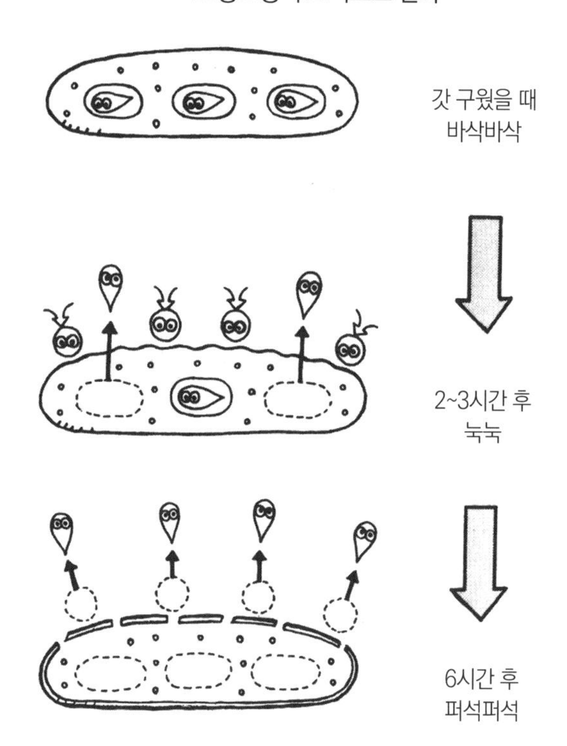

다만 몇 시간이 더 지나면 이번에는 크러스트와 크럼 모두 서서히 굳기 시작한다. 이는 크럼과 크러스트의 수분 증발과 전분의 β화에 의한 것이다. 프랑스빵처럼 린 배합의 빵은 유지와 달걀이 들어가지 않기 때문에 유지 코팅 등 수분 증발을 막아줄 것이 없어서 무척 빠른 속도로 빵 속 수분이 증발해버려 다른 빵보다 빨리 경화되는 것이다.

참고로 가정에서 프랑스빵을 재가열해 갓 구운 상태와 비슷하게 되돌리는 방법이 있다. 이 방법은 빵의 보존 상태에 따라 조금 차이가 난다.

실온에 보관한 프랑스빵은 우선 표면에 물을 분사한 다음 약 200℃(220~230℃를 표준으로 삼는다)로 예열한 오븐에 넣고 1~2분 정도 재가열한다. 냉동했을 경우에는 물을 뿌리지 않아도 괜찮다.

팥소와 반죽 양의 균형

팥빵을 가르면 속에 빈 공간이 있는 이유는 무엇인가요?

팥빵은 성형 단계 때 1차 발효와 벤치 타임을 거친 반죽으로 팥소를 감싼다. 그러면 최종 발효 때 반죽만 팽창하고, 굽는 과정에서 오븐 스프링한다. 그와 함께 팥소 속의 수분도 증발하는데, 그때 수증기압에 따라 위쪽 반죽이 들리면서 팥소와의 사이에 틈이 생기는 것이다(그림 참고).

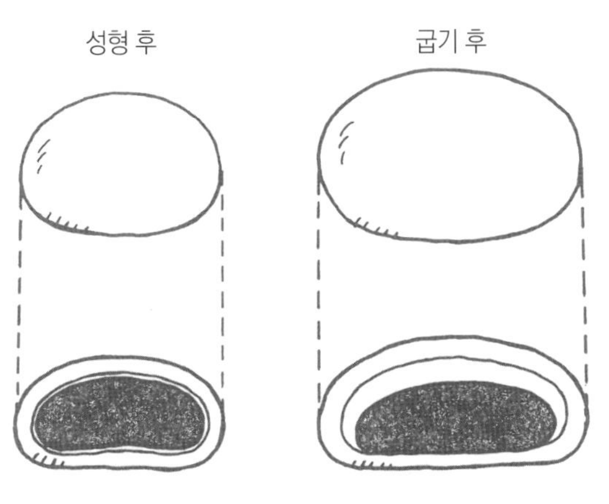

이 현상은 반죽 양과 팥소 양이 적절한 균형을 유지할 때 잘 일어난다. 반대로 생각하면 반죽 또는 팥소가 지나치게 많을 경우

에는 일어나기 힘들다. 반죽 양이 많으면 팥소에서 증발한 수증기압을 반죽의 팽창력이 이기기 때문에 빈 공간이 생기지 않는 것이다.

또 팥소가 많고 반죽이 얇으면 반죽이 별로 팽창하지 않기 때문에 만쥬처럼 되어 버린다. 아무튼 팥빵에 빈 공간이 생기는 이유는 빵 반죽이 팽창하는 동안 팥소는 팽창하지 않는 현상 때문이다.

호밀의 성질

펌퍼니클은 왜 그렇게 무겁나요?

펌퍼니클은 호밀 배합율이 높은 빵이다. 호밀빵의 주요 특징은 호밀빵의 성질에서 비롯한다. 밀가루의 경우 밀단백질이 물과 결합해서 글루텐을 형성한다. 하지만 호밀 속에는 단백질은 있어도 밀단백질(글루테닌과 글리아딘)과는 성질이 달라서 아쉽게도 글루텐을 형성하지 못한다. 즉 반죽도 완제품도 밀가루만으로 만든 것과는 성질과 상태가 전혀 다르다.

빵의 골격을 형성하는 것은 점착성과 탄력성을 다 갖춘 글루텐인데, 호밀의 단백질에서는 점착성밖에 끌어낼 수 없다. 그렇기에 글루텐 막이 가스를 감싸 기포를 만들고 그 기포가 팽창하는 일련의 시스템이 성립하지 않는다.

호밀가루만으로 빵을 만들게 되면 기포가 몹시 조밀한 스펀지 상태의 크럼을 가진 빵이 된다.

즉, 모처럼 가스를 품어도 글루텐이 없으면 가스를 크럼에 가둘 조직을 형성할 수가 없는 것이다. 그래서 가스가 없는 만큼 다 구웠을 때 다른 빵보다 무겁다.

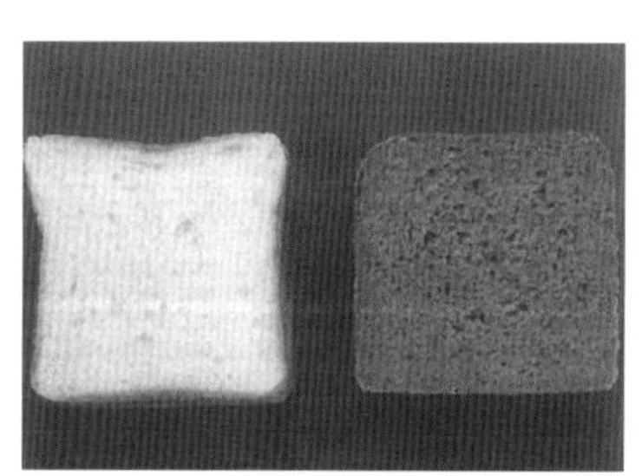
•각식빵 단면도 •펌퍼니클 단면도

그리고 호밀에는 또 한 가지 큰 특징이 있다. 바로 펜토산이다. 펜토산은 펜토스(5단당)로 구성된 고분자 탄수화물이고, 밀 전분

•위부터 슈바이처브로트, 베를리너 랜드브로트, 플로켄브로트, 미슈브로트, 펌퍼니클

은 포도당(6단당)으로 구성된 고분자 탄수화물이다. 펜토산 중 30~40%는 물에 녹아 콜로이드(미립자가 액체에 분산된 상태. -역주) 상태의 액체가 된다. 그때 녹는 펜토산 무게의 약 10배에 달하는 물이 흡수되어서 빵 반죽이 보다 끈적끈적하고 부드러워진다. 따라서 수분을 많이 함유해 촉촉하고 무게감 있는 빵이 되는 것이다. 참고로 일반 호밀가루 속에는 펜토산이 5% 전후로 함유되어 있다.

< 원 포인트 레슨 8 **호밀빵** >

호밀빵의 특징을 정리하면 다음과 같은 경향이 나타난다.

호밀가루의 비율이 많다 → 사워종의 사용량이 늘어난다 → 주로 큰 빵이 나온다 → 기포가 조밀하며, 촉촉한 빵이 된다 → 며칠간 보존 가능한 빵이 된다(상온에서 2~3일은 촉촉한 상태를 유지한다) → 상온에서 일주일 정도 지나면 곰팡이가 핀다.

반대로 호밀가루의 비율이 적다(밀가루 사용량이 많다) → 사워종 사용이 적어진다 → 빵이 폭신폭신해진다 → 주로 작은 빵이 나온다 → 며칠 보존하기는 어려운 빵이 된다(빵의 경화가 빨라 하루만 지나도 퍼석퍼석해진다) → 상온에서 3~4일 정도만 지나도 곰팡이가 슨다.

이를 간단히 설명하면 호밀가루의 비율이 많아질수록 사워종의 사용이 늘어난다. 그러면서 반죽의 흡수도 늘어나 반죽이 부드러워진다. 당연히 빵의 수분 함유도 늘어나 빵이 촉촉해진다. 한편 사워종을 많이 쓰게 되면 빵의 pH가 낮아지기 때문에 곰팡이 등이 번식하기 조금 힘들어진다.

호밀빵의 특징을 살려서 먹는 방법

호밀빵은 왜 얇게 썰어 먹나요?

일반적으로 독일의 호밀빵은 호밀의 비율이 높을수록 빵의 무게가 무거워진다. 이는 앞에서도 말했듯이 호밀가루가 강력분과 달리 글루텐을 만들어내지 못해서 발효 때 발생하는 탄산가스를 보유할 수 없기 때문이다. 따라서 푹신하고 부드러운 빵이 나오지 않고 크럼이 꽉 찬 촉촉하고 무거운 빵이 되기 때문에 식감도 쫄깃쫄깃한 고무 같고 식감이 묵직하게 느껴진다.

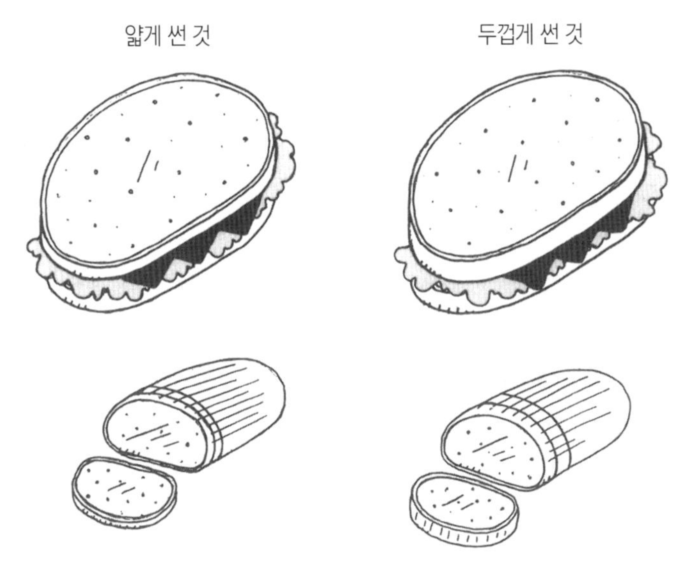

•호밀빵은 두껍게 썰면 씹기 힘들다

그래서 독일에서는 호밀빵을 얇게 썰어 버터나 치즈를 발라 햄과 채소를 끼워 샌드위치를 만들어 먹곤 한다. 그때 빵이 두꺼우면 입안에서 겉돌아 씹기 굉장히 어렵다. 또 개성적인 맛이어서 너무 두꺼우면 필링(내용물) 맛이 죽어버린다.

•펌퍼니클 샌드위치

펌퍼니클은 얇게 썰어 샌드위치나 카나페 등을 만들어 먹는다.

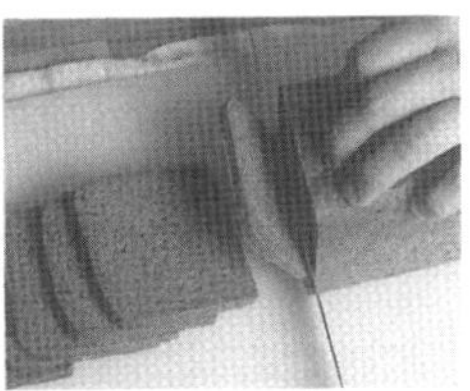

바네통을 쓴 빵

뺑 드 캄파뉴를 바구니에 담아 발효시키는 이유는 무엇인가요?

•왼쪽부터 둥근형 세 종류, 타원형

여기서 말하는 바구니란 프랑스어로 '바네통(Banneton)'이라고 부르는데, 등바구니에 면포를 붙인 것이다. 형태는 다양한데 둥근형과 타원형 등이 있고 크기도 여러 가지가 있다.

이러한 발효바구니를 쓰는 목적은 최종 발효 때 반죽을 발효바구니 형태대로 팽창시키면 빵을 틀에 맞춘 다양한 형태로 구울 수 있기 때문이다. 그냥 단순히 빵틀에 캔버스 천을 깔고 반죽을 올리기만 해서는 발효하면서 팽창하는 반죽의 형태가 잘 나오지 않는다.

바꿔 말하면 바네통은 반죽용 거푸집이고, 빵 반죽은 그 안에 부어 넣는 철 또는 청동에 비유할 수 있다. 이러한 발효바구니를 사용하면 독특한 형태로 표면에 모양이 있는 빵을 빵틀 없이 구울 수 있다. 또 등바구니는 가벼워서 사용하기도 편하고, 면포도 보슬보슬해서 반죽이 잘 달라붙지 않는 이점도 있다.

•각종 뺑 드 캄파뉴

왼쪽부터 스리지에(벚꽃), 불(둥근 모양), 슈바르(말발굽 모양)

크럼의 완성

영국빵과 식빵은 오븐에서 꺼낸 후 잠시 그대로 두는 것이 좋다고 하는데 그 이유가 뭔가요?

이는 영국빵과 식빵뿐 아니라 대부분의 빵에게 해당하는 이야기다. 다만 튀긴 빵은 예외인데, 튀긴 빵은 기름을 사용하기 때문에 갓 튀겼을 때가 가장 맛있다.

그런데 왜 대부분의 빵은 구운 직후보다 조금 시간이 지났을 때가 더 맛있을까? 그것은 갓 구운 빵 속에는 수증기가 많이 들어 있어서 바로 먹으면 끈적끈적한 식감을 느끼기 때문이다. 반시간 정도 두어서 열을 식히고 빵 속에 남은 수증기를 방출하게 되면 식감이 한결 가벼워진다.

또 수증기에 녹아 있던 발효물질(알코올, 유기산 등) 역시 수분과 함께 빠져나가기 때문에 발효취가 사라진다. 그리고 갓 구웠을 때의 온도는 90℃나 되기 때문에 뜨겁기만 할 뿐 맛을 잘 느낄 수 없는 상태다. 하지만 잠시 놔두면 조금 식어서 빵 본연의 맛과 풍미를 맛볼 수 있다.

그밖에도 갓 구운 빵의 크럼을 형성하는 단백질과 전분 조직이 완전히 고화되어 있지 않아 썰기 힘들다는 점도 들 수 있다. 빵을 식혀 크럼 조직이 잘 고화되어야 빵이 잘 썰어진다.

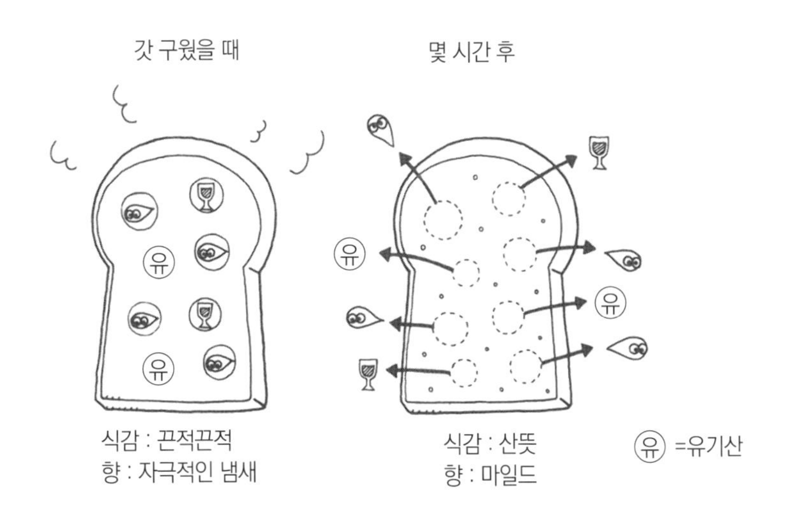

승려의 모습을 본 뜬 브리오슈

브리오슈는 왜 버튼이 볼록 튀어나온 듯한 모양인가요?

여기서 말하는 브리오슈는 Brioche à Tête(브리오슈 아 테트)를 가리킨다. 오뚝이처럼 생긴 브리오슈는 작은 것(30~50g)에서부터 큰 것(400~500g)까지 크기가 아주 다양하다. 브리오슈 아 테트의 모양은 프랑스 중세시대에 승려가 앉아 있는 모습에서 유래했다고 한다. 왜 그런 모양인지 과학적인 근거는 특별히 없는데, 이밖에도 다양한 모양이 있고 각각 이름이 다르다.

브리오슈 아 테트는 보통 반죽의 약 4분의 1 부분에 손날을 넣어 머리 형태를 만들고 브리오슈틀(꽃잎 모양 컵)에 넣고 굽는다.

•각종 브리오슈

왼쪽부터 낭테르, 무슬린(큰 것, 작은 것), 테트

샌드위치용으로 적합한 크럼 상태

<u>샌드위치용 빵으로는 시간이 조금 지난 것이 좋다고 하던데 왜 그런가요?</u>

샌드위치는 얇게 썬 빵 두 장 사이에 내용물을 끼워 넣어 먹는 조리빵이다. 현재는 주로 식빵, 산형 식빵, 버라이어티 브레드(전립분으로 만든 식빵 등)가 샌드위치에 쓰이고 있다.

식빵 계통의 빵은 대부분 대형빵이어서 샌드위치를 만들려면 일단 썰어야 한다. 그런데 구운 직후에는 속에 수증기가 많아 크럼이 끈적끈적하다. 이런 상태에서 빵을 얇게 썰려고 하면 크럼이 연해서 슬라이서나 빵칼이 잘 들어가지 않아 형태가 일그러지거나 두께가 제각각으로 썰리고 만다.

그래서 굽고 나면 어느 정도 시간이 지나 빵 조직이 잘 자리 잡힌 후에 썰어야 쉽고 깔끔하게 썰어져서 샌드위치를 잘 만들 수 있다.

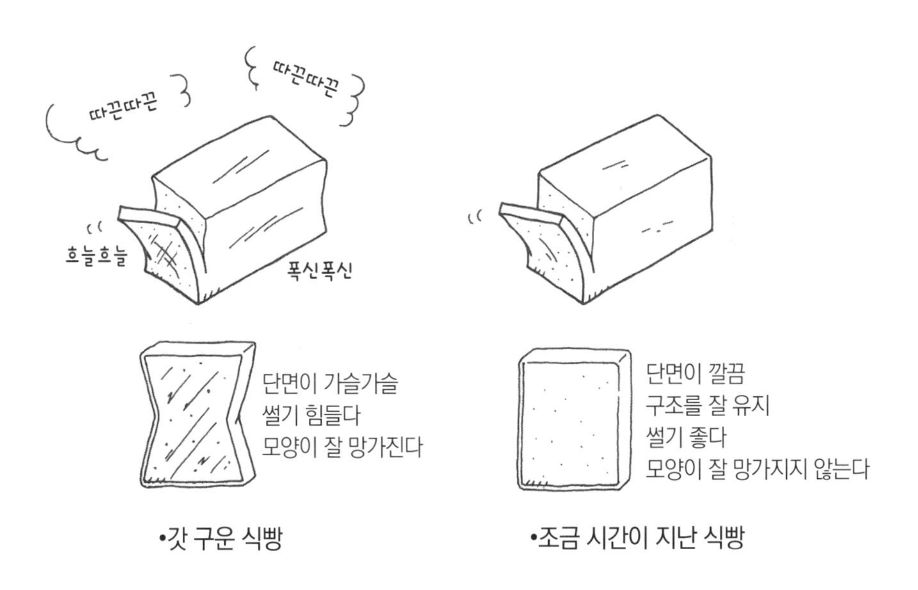

그밖에 샌드위치의 경우 필링(충전물)으로 생채소 등 물기가 많은 재료를 쓰기 때문에 이러한 것들에서 배어 나오는 수분을 빵이 흡수하게 하는 목적도 있다. 이

때도 갓 구운 것보다 조금 놔둬서 수증기가 어느 정도 빠져 약간 마른 정도의 빵이 적합하다.

다만 필링은 수분이 너무 많으면 빵이 수분을 흡수해버리는 만큼 물기를 제거하거나 빵에 버터 또는 겨자버터를 발라 빵과 필링이 직접 닿지 않게 막는 등의 방법도 잊어서는 안 된다.

건조 과일의 효과

빵 반죽에 과일을 섞을 때 생과일이 아니라 건조 과일을 쓰는 이유는 무엇인가요?

생과일과 건조 과일을 비교해보자. 건조 과일은 수분이 증발해 마른 상태이기 때문에 생과일에 비해 딱딱하고 맛이 깊으며 향도 강하다. 생각해보면 당연하지만 모든 부분이 생과일보다 농축되어 있다.

•위 왼쪽부터 안젤리카, 레몬필, 오렌지필, 드레인체리.
•아래 왼쪽부터 설타나 레이즌, 코린트 레이즌, 캘리포니아 레이즌

여기서 빵 반죽에 과일을 섞는 경우에 생각해야 하는 것은 섞어서 가열하더라도 끝까지 과일 조직이 남아 있어야 한다는 점이다. 또 오븐 안에서 반죽이 부푸는 만큼 최종적인 빵의 볼륨과 반죽에 압도되지 않도록 맛과 풍미가 강하고 품질 좋은 과일을 충분히 넣어야 한다.

생과일은 수분이 많아서 과육이 부드럽고 향과 맛이 건조 과일보다 섬세하다. 그래서 빵의 전체적인 맛과 풍미에는 별로 어울리지 않는 경우가 많다. 가열하는 사이에 과일의 구조가 녹아버릴 수도 있고, 싱겁고 별로 특징 없는 맛이 되어버리기도 한다. 바꿔 말하면 애써서 생과일을 빵에 넣었는데도 그 존재감이 잘 드러나지 않는 셈이다.

반면 건조 과일은 말려서 수분을 제거함으로써 과육이 단단하고 맛이 진하다. 또 리큐르 등으로 건조 과일을 원래대로 되돌려 그 풍미를 더할 수 있다. 그렇기에 건조 과일을 쓰면 개성 있고 풍미도 뛰어난 빵을 만들 수 있다.

게다가 건조 과일은 보존기간을 걱정할 필요도 없어서 언제든 준비해 놓고 있다가 쓰고 싶을 때 필요한 양만 쓸 수 있다는 장점이 있다.

•생과일

향 – 부족하다
맛 – 연하다
모양 – 망가졌다

•건조 과일

향 – 풍부하다
맛 – 진하다
모양 – 깔끔하게 유지

며칠 두고 먹을 수 있는 파네토네

왜 파네토네는 구운 지 며칠 지난 후에 먹어야 더 맛있다고 하나요?

파네토네란 이탈리아에서 크리스마스 시즌에 즐기는, 독특한 발효종을 쓴 빵이다. 옛날에는 말의 장속에 있는 유산균을 말똥을 통해 채집해서 자연 발효종으로 배양해 발효원으로 삼았다고 한다.

현대의 파네토네는 사워종으로 버터, 달걀, 설탕, 럼주에 절인 건조 과일(레이즌, 오렌지필, 레몬필 등)을 섞어 넣고 반죽을 만들어 파네토네컵(원기둥 모양의 종이컵)에 넣고 굽는다. 그 발효종에서 뿜어져 나오는 독특한 냄새가 파네토네를 한층 개성적으로 만들어준다.

파네토네는 구운 지 며칠이 지나면 더 맛있다고 한다. 과연 갓 구운 파네토네보다는 하루 정도 지난 것이 맛이 잘 배어 있고 남은 수분이 증발함으로써 식감도 가벼워져 맛있게 느껴지는데, 이삼 일 지나면 빵 자체가 굳어서 퍼석퍼석해진다.

•유럽의 대표적인 제례용 빵

•왼쪽 위부터 쿠겔호프, 콜롬바, 파네토네, 가운데 오스터브로트 2종, 아래 왼쪽부터 크리스마스푸딩, 쿠겔호프, 슈톨렌

애당초 파네토네는 크리스마스 주간에 먹는 빵으로, 며칠 보존할 수 있게 만든다. 이탈리아를 포함한 유럽 대부분의 나라는 크리스마스 주간이 한 달씩 이어진다. 이 시기에 전통적으로 자랑하는 크리스마스용 과자를 즐기는 것이다.

유럽인들은 딱딱해진 빵과 과자도 별로 거부감 없이 먹는 듯하다. 파네토네만 해도 며칠씩 지나 딱딱하게 굳어도 당연히 나름대로 먹을 수 있다. 하지만 그렇다고 딱딱해진 파네토네가 맛있다고 말할 수는 없다.

그밖에 유럽 각지에서는 쿠겔호프, 슈톨렌, 오스터브로트, 콜롬바 등 제례용 빵이 많이 있는데, 이러한 것들은 비교적 며칠씩 두고 먹을 수 있는 과자와 빵이다.

이스트 도넛과 케이크 도넛

이스트 도넛과 케이크 도넛은 무엇이 다른가요?

이스트 도넛은 이스트로 반죽을 발효시켜 튀긴 것이고, 케이크 도넛은 베이킹소다(탄산수소나트륨) 등 화학팽창제를 넣어서 튀기는 동안 화학적으로 반죽을 팽창시킨 것이다.

전자는 완제품의 식감이 빵과 비슷해서 이스트 도넛이라고 부르며, 가벼운 식감에 기포가 큰 폭신폭신한 도넛이다. 반면 후자는 기포가 촘촘한 스펀지케이크와 비슷해서 케이크 도넛이라고 부르게 되었다.

이스트 도넛은 반죽을 발효시켜 발생하는 탄산가스 보유력을 필요로 한다. 따라서 단백질이 많은 강력분을 중심으로 배합해, 반죽 속 글루텐 조직을 만들어 발효시켜야 한다. 이 발효된 반죽이 튀겨지는 동안 반죽 속 가스 기포가 팽창하면서 폭신폭신한 도넛이 나온다.

한편 케이크 도넛은 반죽을 튀기는 사이에 달걀의 기포력과 화학팽창제의 가스 발생이 일어난다. 화학팽창제는 50℃ 이상의 고온이 아니면 화학 반응을 일으키지 않기 때문이다. 따라서 케이크 도넛 반죽은 치대서 반죽을 조금 쉬게 한 다음 바로 튀긴다.

비교적 단시간에 만들 수 있는 것이 케이크 도넛이고, 이스트 도넛은 발효 과정 때문에 시간이 걸린다.

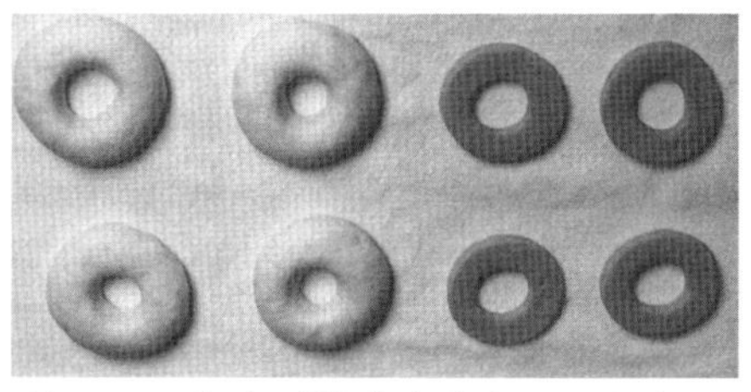

•이스트 도넛 반죽(왼쪽)과 케이크 도넛 반죽(오른쪽)

•이스트 도넛(왼쪽)과 케이크 도넛(오른쪽)

PART 04

이럴 때는 어떻게 할까? :

빵을 만들다가 막힐 때의 Q&A

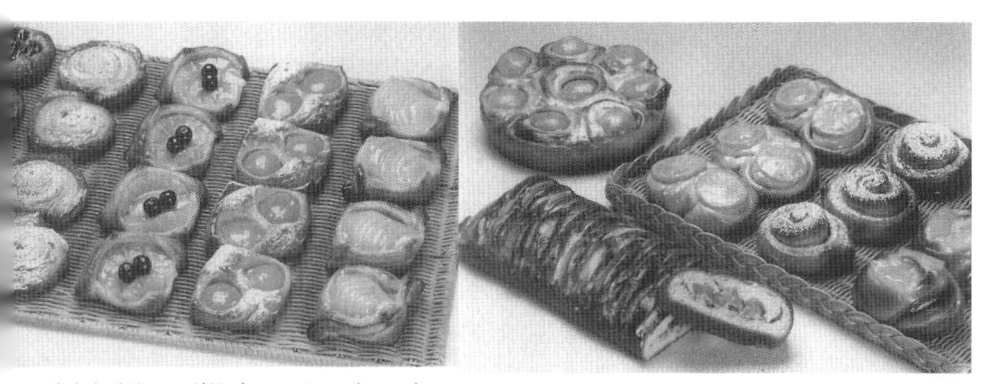

•데니시 페이스트리(왼쪽)와 스위트 롤(오른쪽)

강력분과 박력분 구별법

<u>강력분과 박력분을 구별 못 하겠어요. 쉽게 구별하는 방법을 알려주세요.</u>

이는 봉투에서 먼저 표기를 보는 것을 깜빡하고 무심코 가루를 꺼낸 이후 일어나는 사고다. 이럴 때는 먼저 손바닥에 가루를 한 줌 올리고 꽉 움켜쥐어보자. 그런 다음 손바닥을 펼쳤을 때 손에 달라붙지 않고 원래 상태로 돌아가면 강력분이다. 강력분의 원료가 경질밀이기도 하고 입자가 박력분보다 크고 꺼끌꺼끌하기 때문이다.

반면 박력분은 손바닥을 펼쳤을 때 축축한 느낌이 들고 손가락의 흔적이 남으며 덩어리지기도 한다. 박력분의 원료가 연질밀인 데다가 입자가 섬세하기 때문이다.

원래 경질밀과 연질밀은 배유 부분에 있는 전분과 단백질 구성(특히 분량과 밀집 정도)이 다른데 연질밀이 더 파괴되기 쉬워서 더 쉽게 섬세한 가루가 되는 성질을 가지고 있다.

그런데 만약 손으로 가루를 움켜쥐는 방법으로 구별이 잘 되지 않는다면 가루를 30g 정도 작은 컵에 넣고 물을 20g 정도 부어 손가락으로 간단하게 반죽해보자. 반죽이 빨리 덩어리지고 고무처럼 탱탱한 반죽이 된다면 강력분이다. 박력분은 덩어리가 늦게 지고 질척질척 늘어지는 반죽이 된다. 이는 밀가루 속 단백질(글루테닌과 글리아딘) 함유량 차이 때문에 일어나는 현상이다. 물론 강력분이 단백질을 더 많이 가지고 있어서 글루텐 양도 많아지기 때문에 이러한 결과를 얻을 수 있는 것이다.

여기서는 일단 표준으로 밀가루와 물의 분량을 다루었지만, 딱히 어떤 기준이 있는 것은 아니니 그때그때 상황에 맞게 적당한 양으로 시도해보기 바란다.

드라이 이스트의 예비 발효가 잘 되려면

드라이 이스트를 예비 발효 했는데 팽창하지 않아요. 왜 그런 건가요?

현재 일반적으로 쓰는 드라이이스트는 대부분 유럽이나 미국에서 수입한 것이다. 이 나라들은 수입하는 나라의 제빵 수요에 따라 품질이 일정한 수준으로 관리된 드라이이스트를 공급한다. 그래서 드라이이스트의 품질이 나쁘다든가 이스트 세포가 사멸, 손상되었을 염려는 일단 없다.

보존기간도 상온에서 최소 1년간 가능하고, 설령 1년이 지났더라도 그 활성은 급격하게 떨어지지 않는다. 생각해봐야 할 것은 다음과 같다.

① 예비 발효 때 설탕(자당)을 첨가하지 않았다.
② 예비 발효 용기가 너무 커서 세로 방향으로의 팽창이 적어 겉으로 보기에 발효 상태를 잘 알 수 없었다.
③ 예비 발효에 사용하는 물 온도가 낮았다.

우선 ①의 경우, 제빵용 이스트는 대부분 체내에 인베르타아제를 가지고 있는데, 이 인베르타아제가 설탕을 빠르게 분해해서 이스트가 좋아하는 먹이인 포도당과 과당으로 바꾸어준다. 이스트는 이것들을 먹어치우고 활성이 강해진다. 그리고 당을 소화하면서 탄산가스가 함께 나오기 때문에 예비 발효 단계에서 발효 용기 상부까지 이스트가 보글보글 올라온다. 그래서 설탕의 첨가 유무에 따라 이스트의 예비 발효 초기 단계 때 상태가 확 달라진다.

② 발효 용기를 고르는 기준은 예비 발효에 들어가는 물의 4~5배 정도의 부피로 한다. 그보다 더 크면 이스트의 예비 단계 상태를 육안으로 확인하기 어려워진다.
③ 수온이 낮으면 이스트 활성이 느려져서 예비 발효 시간이 오래 걸린다. 이럴 경우 사용하는 수온을 온도계로 확인하고 반드시 38℃ 전후로 맞춰야 한다.

위 사항을 지키고 예비 발효에 필요한 모든 조건을 확인하면서 작업해보기 바란다. 그래도 발효되지 않는다면 제조사나 구입한 곳에 문의하는 것이 좋겠다.

이스트 용액에 소금을 넣어 버렸다면

실수로 이스트 용액에 소금을 녹여 버렸는데 반죽 발효에 영향이 없나요?

소금의 살균 효과는 이스트 활성을 억제하지만, 이는 1~2시간 정도 그대로 방치했을 경우다. 짧은 시간이라면 특별히 지장은 없다.

어쨌든 반죽이 된 단계에서 어차피 밀가루, 물, 소금, 이스트를 섞기 때문에 소금을 가루에 섞으나 이스트 용액에 녹이나 큰 차이가 없는 것이다.

그밖에 소금이 녹으면서 이스트 용액의 농도가 올라간다거나 삼투압 때문에 이스트 내 수분이 세포막을 통과해 밖으로 유출되고 조직이 손상되는 경우는 있다. 하지만 이 역시 시간 문제여서 10~15분 사이라면 별 영향은 없다.

최근에는 믹싱 초기 단계 때 일찍 혼합하려고 의도적으로 이스트 용액에 설탕, 소금 등 수용성 물질을 녹이기도 한다.

끈적거리는 반죽을 잘 뭉치려면

반죽을 계속 믹싱해도 끈적거리고 잘 뭉쳐지지 않는데 무엇이 원인인가요?

반죽이 끈적거리고 잘 뭉쳐지지 않는 이유는 반죽 속 글루텐 조직이 충분히 형성되지 않아서라고 보면 된다. 그 원인에는 몇 가지가 있다.

① 수분 배합이 너무 많다

이 결과 반죽 속에 유리된 자유수가 많아져서 반죽이 끈적거리게 된다.

② 소금 배합을 잊었거나 소금 첨가량이 너무 적었다

소금은 반죽 속 글루텐에 작용하여 탱탱하게 만들어서 반죽 전체의 탄성력을 좋게 한다. 그래서 소금이 배합되지 않은 빵은 글루텐을 완전히 끌어내지 못해 반죽이 뭉쳐지지 않고 끈적거린다.

③ 밀가루의 숙성(에이징)이 부족하다

이 경우 빵 반죽이 산화 부족으로 끈적끈적해졌을 가능성이 높다. 또 숙성이 부족한 가루는 흡수율도 낮아져서 반죽을 부드럽게 만든다.

이러한 원인이 있는데, 그중에서 ③은 밀가루를 보거나 만지기만 해서는 판단이 서지 않는다. 역시 반죽의 결과를 보고 판단하는 수밖에 없다. 가루의 숙성이 부족하다는 판단이 든다면 반죽에 산화제를 첨가하고 증량해서 반죽이 산화되게 하여 끈적거림을 개선한다.

또 산화제 대신 레몬즙을 밀가루 1㎏당 약 10g(또는 10㏄) 반죽에 섞어도 된다. 레몬즙에 들어 있는 비타민 C가 반죽에 산화제 역할을 해서 빵 반죽을 탱탱하게 만들어준다.

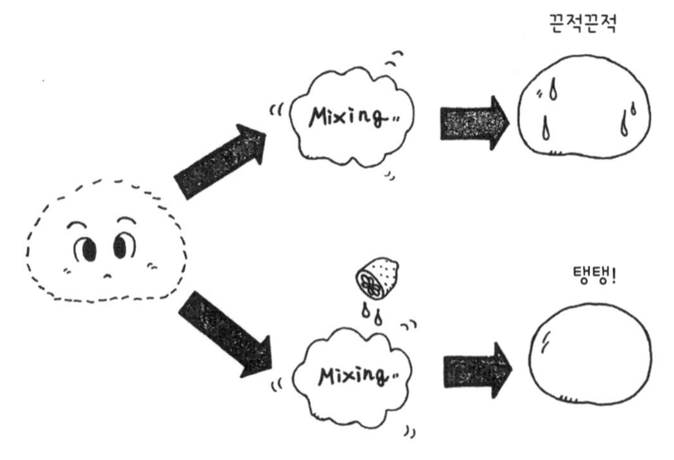

•숙성이 부족한 밀가루에는 레몬즙을 첨가한다

< 원 포인트 레슨 9 **밀가루의 숙성** >

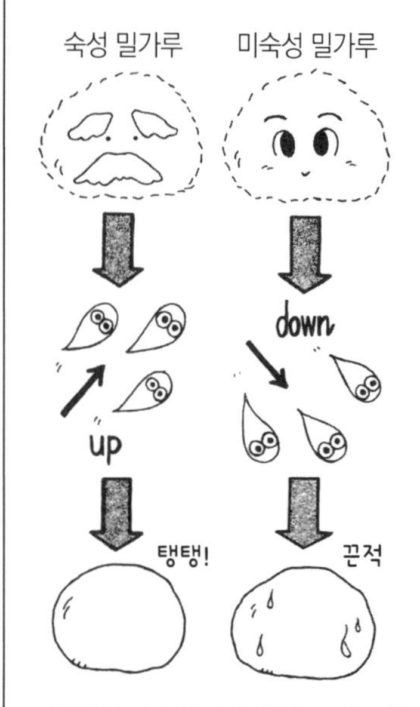

•햇밀로 갓 만든 밀가루는 반죽하면 끈적끈적하다

제분회사에서 제분한 밀가루는 유통되기 전까지 한두 달 정도 탱크 안에 보관된다. 이 과정을 '숙성(에이징)'이라고 부른다. 숙성 기간이 짧은 밀가루는 흡수율이 낮아 반죽했을 때 끈적거리고, 숙성 기간이 긴 밀가루는 흡수율이 높아 반죽하면 수축해서 건조한 상태가 되는 경향이 있다.

숙성의 촉진은 제분회사의 탱크 안뿐 아니라 봉지에 밀봉하여 출하된 이후에도 계속된다. 빵을 만들다보면 종종 문제가 되는 것은 햇밀이다. 입하 직후의 햇밀은 숙성 기간이 짧고 밀가루 속 수분량도 많아 별로 산화하지 않았기 때문에 흡수율이 낮아서 반죽 속 글루

< 원 포인트 레슨 9 >

텐의 산화도(글루텐이 산화하면 글루텐 조직이 강화되어 탄력이 나온다)도 낮다. 그 결과 반죽이 축 처지고 끈적거리기 쉽다.

반면 묵은 밀은 숙성 기간이 길어서 밀가루 속 수분이 증발하여 가루가 건조하고 산화도 상당히 진행된 상태이기 때문에 흡수율이 높고 반죽 속 글루텐의 산화도도 높다. 그 결과 반죽이 탱탱하고 마른 상태가 된다.

이는 우리가 평소에 짓는 밥과 비슷한 느낌이다. 햅쌀로 밥을 지으면 물을 평소보다 적게 조정한다. 햅쌀이 묵은 쌀보다 수분 함유량이 많기도 하고, 전분질의 호화 상태가 달라지기 때문이다.

다만 밥은 햅쌀이 더 맛있지만, 밀가루는 꼭 햇밀이 제빵에 적합하다고 말할 수는 없다. 햇밀과 묵은 밀의 성질 차이를 잘 이해해서 제빵에 응용하는 것이 중요하다.

끈적끈적한 반죽을 개선하려면

반죽했는데 끈적끈적하고 탄력이 없으면 어떻게 해야 좋을까요?

분명 믹싱이 지나쳐서 그렇다. 반죽이 발전 단계를 넘어 파괴 단계에 돌입한 상태다. 여기까지 오면 반죽 속 글루텐이 파괴되어 발효에 의해 생긴 가스를 보유할 수 없게 된다. 완성된 반죽이 이런 상태가 되어버렸다면 우선 발효기 속 온도를 높이고 습도를 낮춰서 발효를 촉진시켜야 한다. 그러면 반죽의 발효 시간이 빨라지면서 끈적거림이 개선된다. 또 둥글리기와 성형 작업은 평소보다 강하게 해서 반죽 속에 남아 있는 글루텐의 탄력을 조금이라도 살려본다.

그래도 반죽 상태를 100% 정상으로 되돌리기란 불가능하다. 역시 발효기에 넣는 최종 발효 단계 때는 반죽이 축 늘어지면서 바닥 부분이 다소 퍼진 느낌으로 구워지는 것을 피할 수 없다.

프랑스빵 반죽에 비타민 C를 넣는 것을 깜박했다면

<u>프랑스빵을 구울 때 비타민 C를 넣는 것을 잊어버렸는데 괜찮나요?</u>
<u>또 그럴 때는 어떻게 대처하면 좋을까요?</u>

원래 프랑스빵 반죽에 비타민 C를 첨가하게 된 것은 20세기 초라고 한다. 그 이전에는 비타민 C로 대표할 수 있는 이스트 푸드는 반죽에 넣지 않았다. 그렇다고 빵을 굽지 못했던 것은 아니다. 비타민 C 같은 이스트 푸드를 첨가하는 목적은 빵을 안정적으로 굽기 위해서다. 개량제가 없다고 해서 빵을 못 만드는 것은 아니다.

비타민 C가 프랑스빵 반죽에 어떤 효과를 내는지 간단히 설명하자면

① 반죽의 끈적임을 개량한다.
② 반죽의 탄력을 개량한다.

등을 들 수 있다. 이러한 효과는 빵 반죽이 산화하면서 일어나는 현상이다. 비타민 C는 빵 반죽의 산화 촉진제로 사용된다. 물론 반죽은 산화 촉진제 없이도 산화하지만 첨가하지 않으면 산화 정도가 약해지거나 걸리는 시간이 길게 든다.

실제로 비타민 C를 넣는 것을 잊어버렸을 때는

① 반죽의 발효 시간을 길게 잡는다.
② 펀치(가스 빼기)를 강하게 한다.

등의 방법이 효과적이다. 이 방법들은 전부 빵 반죽의 산화와 반죽 속 글루텐의 긴장을 촉진한다. 빵을 만드는 데 걸리는 시간은 10% 넘게 더 늘어나지만 비타민 C를 첨가한 것과 별반 다르지 않은 빵을 구울 수 있다.

탈지분유가 덩어리지지 않게 하려면

분유를 배합했더니 완성된 반죽 속에 분유가 덩어리로 남아 있었습니다. 어떻게 해야 덩어리지지 않나요?

분유에는 탈지분유(유지방을 제거한 것)와 전지분유(유지방을 제거하지 않은 것)까지 두 종류가 있다. 둘 다 제빵에 흔히 쓰인다.

현재 제빵에서 가장 많이 쓰이는 것은 탈지분유인데, 탈지분유는 원유를 연속해서 원심분리기에 부어 유지방분과 탈지유로 분리해서 만든다. 유지방은 생크림, 버터로 가공되고, 남은 탈지유를 건조시켜 가루 낸 것이 탈지분유다. 탈지분유가 덩어리지지 않는 방법을 설명하기에 앞서 탈지분유의 구성에 대해 잠시 알아보자.

탈지분유의 기본적인 성분은 다음과 같다.

성분	비율
수분	3.0%
단백질	35.0%
지방분	1.0%
유당	53.0%
회분(미네랄)	8.0%

탈지분유의 성분에서 문제는 단백질인데 카세인, 락토알부민, 락토글로불린이 8:1:1의 비율로 함유되어 있다. 탈지유를 건조시키는 과정에서 락토알부민과 락토글로불린이 가열에 의해 응고된다. 한편 카세인은 열에 응고되지 않고 수분 흡수력과 응집력이 향상된다(참고로 카세인은 열이 아니라 산과 반응하여 응고하는 성질이다).

반죽에 덩어리가 남는 것은 이 카세인의 흡습성과 응집성이라는 성질 때문이다. 흔한 사례로 계량한 분유를 실내 또는 공장에 몇 시간 방치하면 카세인이 공기 중의 습기를 흡수해서 응집하는 것을 볼 수 있다. 그 결과 믹싱해도 탈지분유 덩어리가 남는다. 그 덩어리는 수분을 많이 함유하고 있어서 표면이 겔(고무 상태)같아 수분을 튕겨내기 때문에 덩어리가 녹지 않는 것이다. 그래서 반죽에 남아 있던 덩어리가 완성된 빵에도 그대로 남아버린다.

이를 방지하는 방법으로는

① 개봉한 탈지분유는 제습 가능한 냉동실이나 냉장실에 보관한다.
② 반죽 믹싱 직전에 용기에서 꺼내 쓴다. 이는 탈지분유가 공기 중의 습기를 흡수하는 시간을 줄이기 위해서다.
③ 반죽 믹싱 전에 미리 계량해야 할 경우에는 입자가 굵은 결정체 재료(설탕, 소금 등)와 잘 섞는다. 이는 탈지분유가 공기 중의 습기를 흡수했을 때 응집하는 것을 설탕이나 소금 결정이 방해해주기 때문이다. 다만 이 방법도 한계가 있는 만큼 믹싱 전 2~3시간을 기준으로 한다.

등이 있다.

접은 반죽이 얼어버렸다면

<u>접은 반죽을 냉동실에 넣었는데 얼어버렸어요. 이럴 때는 어떻게 해야 하나요?</u>

최선의 방법은 다시 한 번 4~5℃ 온도의 냉장고에 넣고 해동하는 것이다. 그리고 반죽이 원래대로 부드러워지면 다음 단계인 밀고 접기와 성형 작업으로 넘어간다. 이렇게 하면 그다음부터는 평소대로 다뤄도 큰 문제가 없을 것이다.

밀고 접은 반죽은 유지가 몇 층씩 형성되어 있어서 유지와 유지 사이에 있는 빵 반죽이 냉장 장해를 받기 어려운 이점이 있다. 그래서 한 번 냉동한 반죽을 녹여도 비교적 반죽 손상도 적고 구운 빵에도 큰 영향을 미치지 않는다. 물론 정도에 문제는 있어서 몇 번이나 냉동과 해동을 반복한다면 반죽에 손상이 더해진다. 하지만 한두 번 정도라면 별로 지장이 없다.

이 질문과는 직접적인 관계가 없지만 접은 반죽의 환경은 냉장이든 해동이든 4~5℃보다 높은 온도인 것이 중요하다. 그보다 온도가 올라가면 이스트가 활성화되어 반죽 발효가 필요 이상으로 촉진된다.

최종적으로 빵 반죽은 발효 후에 굽는데 냉장이나 냉동 단계에서 어중간하게 반죽을 발효시켜 버리면 그 이후의 이스트 활성이 약해져버린다. 그러면 최종 발효 때 반죽이 충분히 팽창하지 못해서 볼륨이 부족하고 열도 고루 가해지지 않은 빵이 되어버리고 만다.

반죽을 성형하기 쉬운 상태로 만들려면

성형할 때 반죽이 잘 늘어나지 않거나 뚝 끊어져 버리곤 하는데 무엇이 잘못된 건가요?

우선 벤치 타임이 짧지 않았는지부터 생각해봐야 한다. 원래 벤치 타임이란 반죽을 둥글릴 때 반죽 속 글루텐이 긴장해서 일으키는 수축을 풀어주고, 성형 때 반죽의 신장성을 회복시키기 위해 필요한 발효 시간이다.

벤치 타임이 충분하지 않으면 반죽을 성형할 때 반죽 속 글루텐의 신장성이 회복하지 않기 때문에 반죽이 긴장한 상태에 있게 된다. 그래서 늘리려고 해도 쭈그러져 버린다거나 조금 강하게 둥글리면 반죽이 끊어지기도 한다.

이런 상태를 피하려면 벤치 타임이 충분해야 한다. 성형 때 반죽의 탄력과 긴장이 너무 강한 것 같다면 그대로 다음 작업을 이어나가지 말고 조금 더 벤치 타임을 갖기 바란다. 무리해서 작업을 이어가게 되면 다루기 힘들어질 뿐만 아니라 반죽을 손상시키는 원인도 된다.

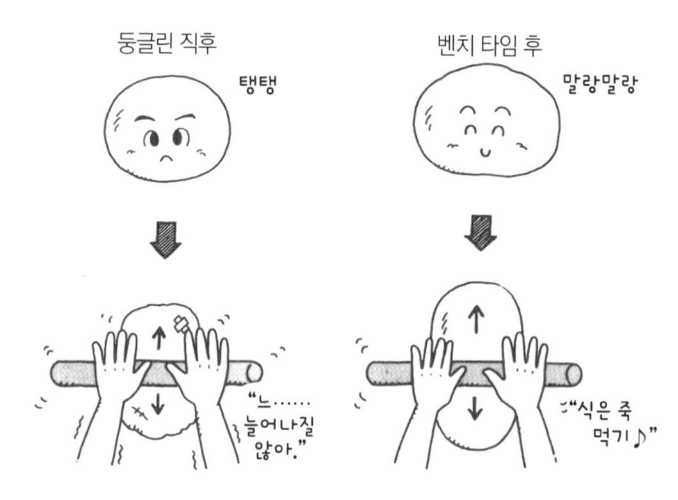

•벤치 타임이 충분하면 성형이 수월해진다

접기형 반죽을 분할할 때 수축을 방지하려면

크루아상과 데니시 반죽을 성형할 때 반죽을 얇게 밀어서 분할했더니 반죽이 수축하면서 변형되어 버렸습니다. 어떻게 하면 수축을 막을 수 있나요?

크루아상이나 데니시 같은 접기형 반죽은 대부분 최종 성형 때 반죽을 얇게 민 다음 다양한 형태로 분할한다.

그때 반죽이 수축하며 변형하는 이유는 최종 반죽을 늘리는 단계 때 당겨진 글루텐이 원래 상태로 돌아가려고 하기 때문이다. 이는 늘어난 용수철이 원래대로 돌아가려고 하는 현상과 비슷하다.

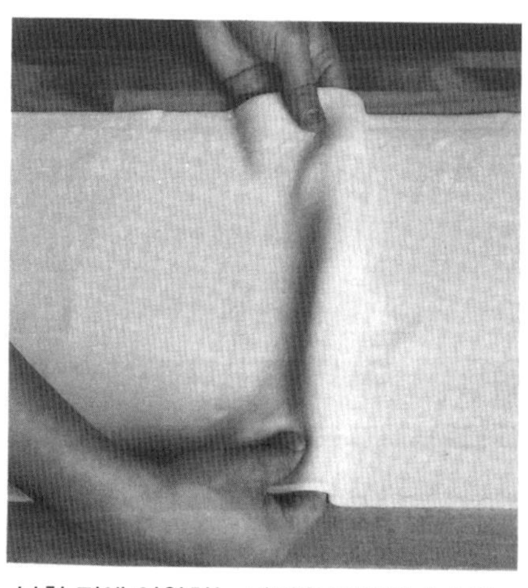

•분할 전에 이완하는 과정을 거치면 수축을 막을 수 있다.

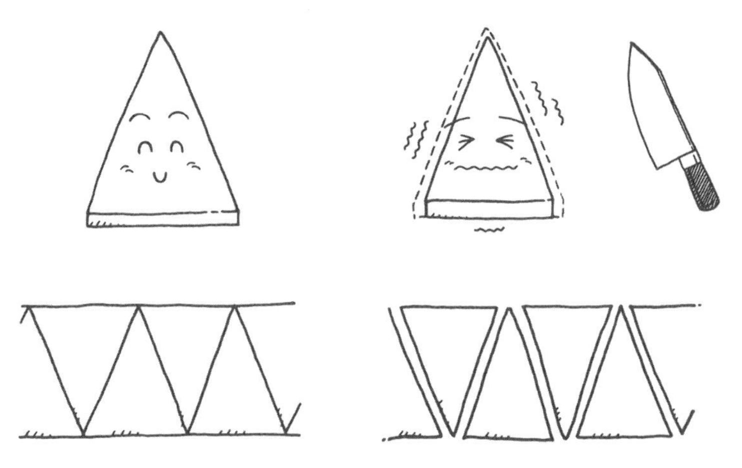

•이완하는 과정을 거치지 않으면 오른쪽 그림처럼 변형되어 버린다.

파이 롤러로 늘리든 반죽밀대로 늘리든, 반죽 속 글루텐이 당겨지는 것은 다르지 않다. 요컨대 당겨진 상태의 글루텐을 자르는 것이기 때문에 그 후 수축이 일어나 반죽이 변형되는 것이다.

이 수축을 방지하려면 성형 때 반죽을 밀어서 분할하기 직전, 반죽을 작업대에 둔 채 의도적으로 잠시 놔둬서 당겨진 반죽을 미리 조금 원래 상태로 되돌리면 된다. 이렇게 하면 수축하지 않고 성형 때 분할한 그대로의 형태를 유지할 수 있다.

역시 성형한 모양이 변형되어 버리면 완성된 빵의 모양도 망가져서 보기 흉해진다. 성형 전에 반드시 '이완'하는 과정을 거치기를 추천한다.

노 펀치로 작업을 이어갈 때는?

발효 중인 빵 반죽의 펀치를 깜박 잊어버렸는데 어떻게 해야 하나요?

펀치라고 한마디로 말해도, 반죽의 차이에 따라 발효 시간과 펀치 타이밍은 다 제각각이다. 또 펀치의 방법과 강약 조절도 다르기 때문에 안타깝지만 각각의 대처 방법을 적절하게 설명하기란 힘들다.

일반적으로 먼저 생각해봐야 할 것은 펀치 시기를 얼마나 놓쳤는가 하는 점이다. 반죽이 조건 설정대로, 펀치 전에 1차 발효의 팽창률이 10% 조금 넘은 정도라면 예정대로 펀치해도 상관없다.

하지만 10%를 많이 넘었을 경우에는 1차 발효의 절정까지 빵 반죽을 발효시켜서 그대로 펀치를 생략하고(노 펀치) 이어서 반죽 분할과 둥글리기 작업에 들어가기 바란다. 둥글리기의 강도는 강해야 한다. 펀치를 생략하는 대신 반죽 둥글리기 단계에서 최대한 반죽 속 글루텐 조직을 긴장, 강화시키는 것이다. 그렇게 해도 반죽이 탱탱해지지 않고 축 처진다면 한 번 더 가볍게 둥글리기를 하기 바란다. 이러한 작업으로 반죽의 발효력과 긴장이 회복될 것이다.

예정했던 빵 시기를 심하게 지나쳤을 경우에는 오히려 펀치를 피해야 한다. 왜냐하면 그 시기에 펀치해 버리면 글루텐이 점점 강화되어 발효가 진행되고 틀림없이 허용 범위에서 벗어나 발효 과다가 되어 빵의 겉껍질이 꺼칠꺼칠하고 모양도 일그러질 것이다.

최종 발효를 너무 길게 해버린 반죽은?

굽기 전에 빵 반죽에 칼집을 넣었더니 오므라들고 말았어요. 왜 그런가요?

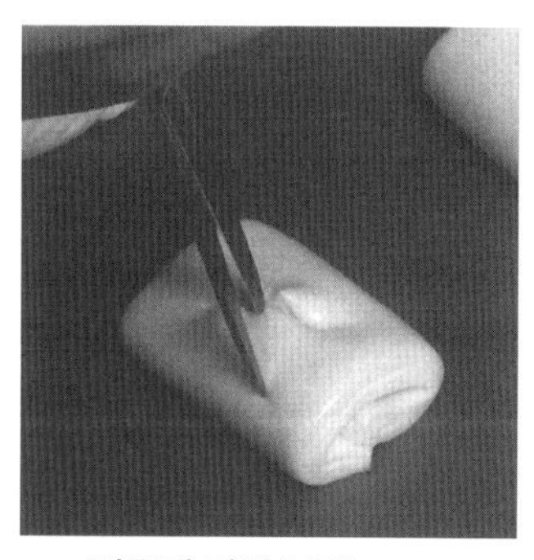

• 반죽에 칼집 넣기

이는 발효기로 하는 최종 발효 시간이 너무 길었던 탓이다. 빵 반죽의 성형 후 발효기로 최종 발효하면 반죽이 점점 부풀어 오른다. 반죽 속 글루텐의 가스 보유력이 한계에 달하면 반죽은 더 이상 팽창하지 못하게 된다. 그때 글루텐 조직은 이미 신장성과 탄력성을 잃고 약체화된 상태다. 즉 빵 반죽 전체를 받쳐줄 힘이 없다는 뜻이다.

이러한 상태일 때 반죽에 칼집을 넣거나 충격을 가하면 반죽 속 글루텐 조직이 붕괴되어 모처럼 반죽 속에 가둬두었던 탄산가스가 밖으로 달아나버린다. 그러면서 반죽 자체가 오므라들어서 반죽의 볼륨이 절반 정도로 줄어들고 만다. 이 반죽을 오븐에 넣고 구우면 반죽은 오븐 스프링을 하지 않아 폭신하게 부풀지 않는다.

최종 발효 과다인 반죽은 탄력을 잃었기 때문에 손가락으로 살짝만 눌러도 다시 탱탱하게 올라오지 못하고 그대로 푹 들어간 자국이 생겨버린다. 반죽이 이 정도까지 발효되었을 경우에는 가위나 칼로 칼집을 넣거나 철판이나 빵틀을 거칠게 다루어 괜한 충격을 주는 것은 피해야 한다. 달걀물을 바를 때도 솔을 옆으로 눕혀 조심조심 섬세하게 다루는 것이 좋다.

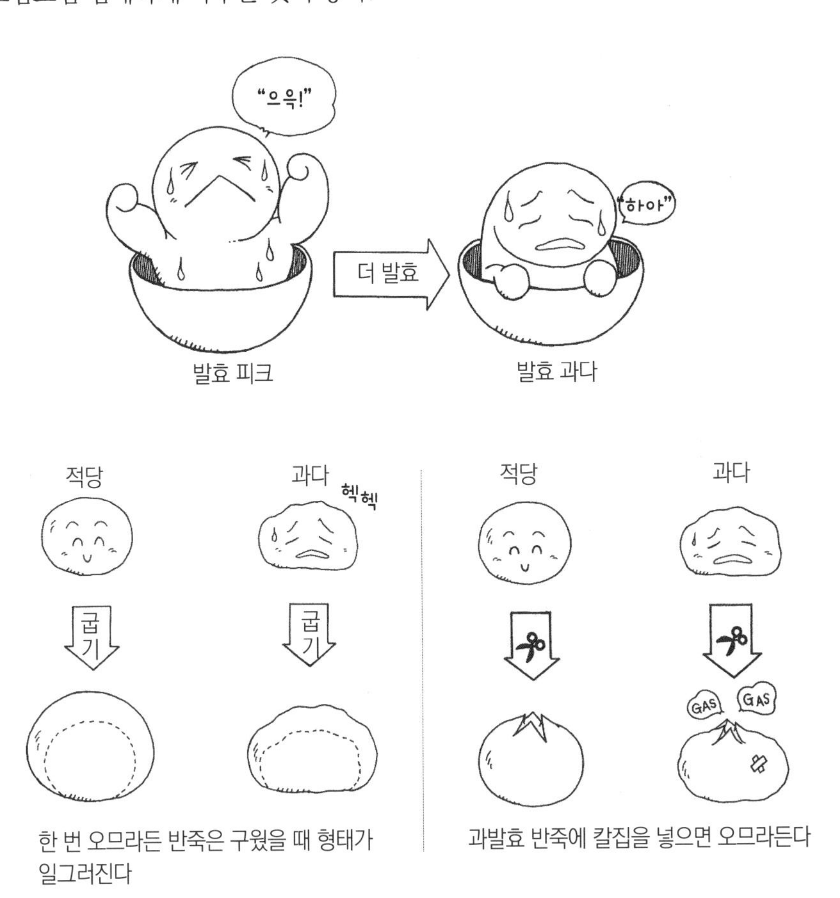

노릇노릇한 빛깔이 잘 나오게 구우려면

빵을 구웠을 때 노릇노릇한 빛깔이 잘 나오지 않고 연한데 왜 그럴까요?

첫 번째로 말할 수 있는 것은 오븐 온도가 낮았기 때문이다. 특히 가정용 오븐은 열용량이 낮기 때문에 빵 반죽을 넣으면 온도가 급격하게 내려갈 때가 종종 있다. 즉 오븐 내 온도 유지가 어려운 것이다. 그러니 온도가 내려갈 수 있다는 것을 예상해서 미리 온도 설정을 조금 높여두는 것이 좋다.

다음으로 반죽 배합상의 문제가 있다. 설탕과 탈지분유, 달걀이 많이 배합된 리치 타입의 빵 반죽은 구웠을 때 노릇한 색깔이 잘 나오는 반면 린 타입의 빵 반죽은 색깔이 잘 나오지 않는다. 그 이유는 반죽 표면의 캐러멜화 반응에 있다. 반죽 속 당질 비율이 높으면 높을수록 캐러멜화의 정도가 심해진다.

그래서 린 타입의 빵을 구울 때는 리치 타입의 빵보다 20~30% 정도 온도를 더 높게 설정해야 한다.

• 린 타입의 빵은 더 높은 온도에서 굽는다

빵을 잘 부풀리려면

빵을 오븐에 넣고 구웠는데 생각한 것만큼 부풀지 않았어요.
도대체 무엇이 문제인가요?

오븐 안에서 반죽이 부푸는 것을 '오븐 스프링'이라고 부른다. 오븐 스프링이 일어나지 않으면 질문과 같은 실패가 일어나버린다.

왜 오븐 스프링이 일어나는가 하면 발효하면서 글루텐 막에 싸여진 탄산가스 기포가 반죽 안에 가득 차 있다가 가열되면서 팽창하기 때문이다. 가스 기포의 팽창에 따라 글루텐 막도 늘어나 빵 자체의 볼륨감을 키운다.

오븐 안에서 반죽이 부풀지 않는 이유를 몇 가지 알아보자.

① 굽기 전 발효 상태가 나쁘다. 즉 빵 반죽의 온도가 낮아 이스트가 활동하지 않아서 탄산가스가 발생하지 않았다.
② 반죽을 만드는 단계(주로 치대기) 때 글루텐이 충분히 나오지 않았다. 그 결과 글루텐 막의 가스 보유력이 약해 가스가 새고 말았다.
③ 오븐 온도가 낮아서 가스 팽창에 필요한 열량을 얻지 못했다.
④ 반죽의 발효 시간이 부족해 가스가 충분하지 못했다.

위와 같이 굽기 이전의, 빵 반죽 온도나 발효 시간 부족 등이 문제가 된다. 이러한 점을 개선한다면 빵이 잘 부풀 것이다.

빵을 윤기 있게 구우려면

구운 빵의 빛깔이 칙칙하고 윤기가 없는데요?

우선 첫 번째로 생각해야 할 점은 오븐 온도가 낮지 않았는가 하는 것이다. 저온에서 구우면 아무래도 크러스트 부분의 캐러멜화 반응이라든지 메일라드 반응 속도가 느려져서 빵의 색깔과 윤기에 영향을 미치고 만다.

또 저온이기 때문에 화학 반응으로 생기는 반응물의 양이 적어진다. 즉 멜라노이딘과 캐러멜 등 부산물이 줄어들어서 색이 연해지고 윤기도 느껴지지 않는 것이다.

두 번째로는 빵 반죽이 과발효 상태일 때다. 이 상황에서는 반죽 속 단당류(포도당, 과당)의 잔존량이 적어져서 캐러멜화나 메일라드 반응에 필요한 당질 절대량이 줄어든다. 그 결과 빵의 크러스트 부분 색깔이 연해지는 것이다. 참고로 과발효가 되면 당질 잔존량이 적어지는 이유는 반죽 속에 배합된 이스트가 그러한 당을 소화하기 때문이다.

빵을 촉촉하고 부드럽게 구우려면

구운 빵이 딱딱하고 퍼석퍼석한 이유는 무엇인가요?

첫 번째로 너무 많이 구우면 그럴 수 있다. 구울 때 예정한 온도와 시간의 상관

관계상 온도가 너무 높아도, 시간이 너무 길어도 결과적으로 너무 구운 빵이 된다. 너무 구우면 빵 속 수분이 증발해서 적어지기 때문에 퍼석퍼석해지는 것이다.

적절한 온도와 시간은 빵의 종류와 크기에 따라 다르다. 설탕이 많이 배합된 리치 타입의 빵일수록 크러스트가 타기 쉽고, 린 타입의 반죽은 잘 타지 않는다. 즉 리치 타입 빵 반죽일수록 온도와 시간에 민감하다고 할 수 있다. 빵의 크기로 말하자면 작은 빵일수록 타기 쉽고 큰 빵일수록 잘 타지 않는다.

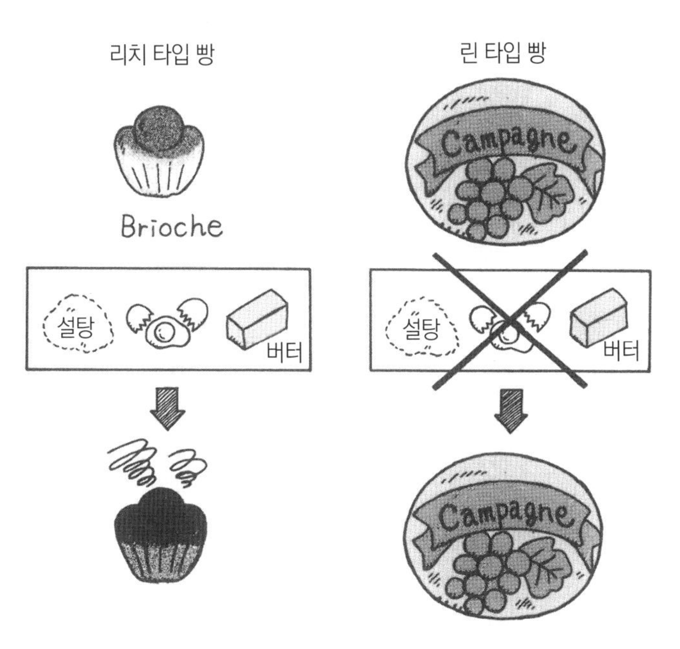

•부재료가 들어가면 타기 쉬워서, 굽는 정도에 민감해진다.

그럼 굽는 온도와 시간이 얼마나 과도하면 너무 구웠다고 할 수 있을까? 리치 타입의 빵을 예로 들어서 생각해 보자. 굽는 시간을 일정하게 하고 온도에만 변화를 줄 경우, 예정한 온도보다 10% 이상 상승하게 되면 지나치게 구웠다고 할 수 있다.

그렇기에 테이블 롤 반죽 50g을 200℃에서 10분 정도 구워야 하는 것을 220℃에서 11분간 굽게 되면 온도와 시간이라는 두 요인이 10% 늘어난 셈이다.

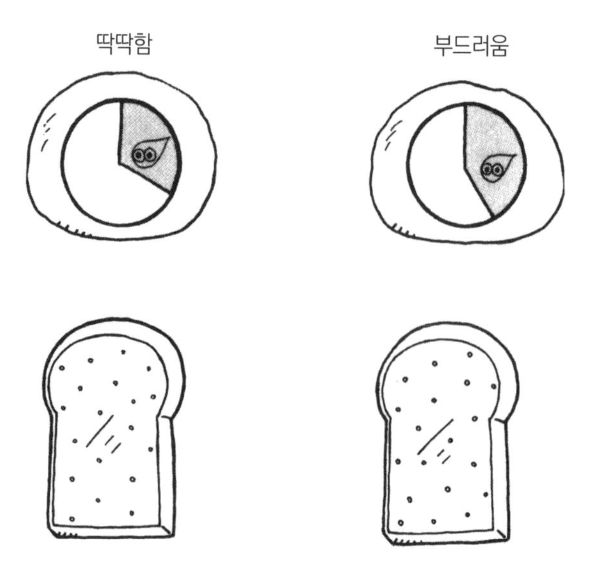

•굽는 정도에 따라 남은 수분이 적어져 빵이 딱딱해진다

이렇게 하면 너무 구운 정도가 아니라 아예 타버린다. 따라서 기준으로는 예정한 온도, 시간 둘 중 한 가지 요인을 10% 이내로 늘리는 것까지만 허용한다.

두 번째 요인은 반죽의 굳기다. 이는 기본적으로 반죽에 들어 있는 수분량으로 결정한다. 그리고 반죽을 다 구웠을 때 남아 있는 수분량으로 완제품의 굳기와 촉촉한 정도가 달라진다. 물론 잔존 수분이 많은 빵일수록 촉촉하고, 적을수록 퍼석퍼석한 식감이 된다.

빵의 적절한 굽기 정도를 판단하려면

색깔이 충분히 나왔는데도 속은 설익었습니다.
적절한 굽기 정도는 얼마를 기준으로 삼으면 좋을까요?

이는 정도의 문제도 있지만 빵을 구울 때 오븐 온도가 너무 높은 것이 원인이다.

굽는 온도가 너무 높으면 빵의 중심부까지 열이 닿아 크럼을 구성하기도 전에 크러스트 부분에서 색이 나와 버리기 때문에 겉으로는 빵이 다 구워진 것처럼 보인다. 하지만 실제로는 빵의 크럼 부분의 수분이 충분히 증발하지 않아서 반은 익지 않은 상태다. 이는 오븐 온도를 조금 낮춰서 속까지 완전히 열이 미치게 하면 해결된다.

굽기 정도를 판단하는 기준 중 하나로 빵의 소감율(뒤에 나오는 원 포인트 레슨 참고)이 있다. 빵의 종류와 크기에 따라 적절한 수치는 다르지만, 대체로 15~25%는 반죽 속 수분이 줄어들지 않으면 덜 익은 빵이 되어버리는 경우가 많다.

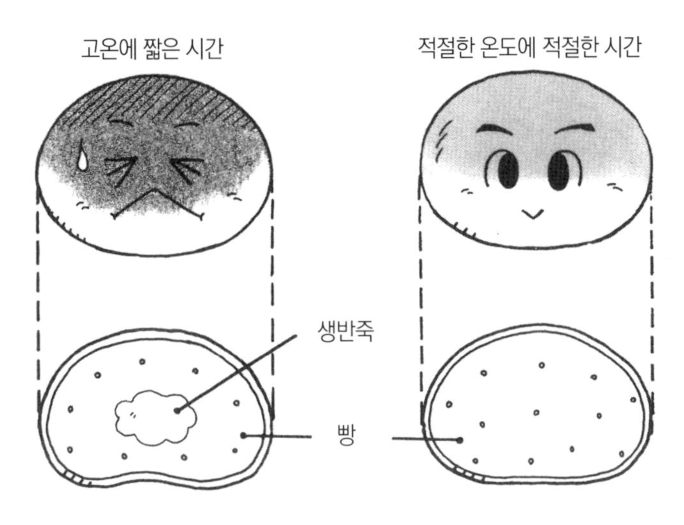

•굽는 온도가 너무 높으면 크러스트만 탄다

< 원 포인트 레슨 10 **소감율** >

소감율이란 최종 발효 후 반죽을 오븐에 넣고 구웠을 때 생기는 무게 손실을 반죽 분할 시의 무게로 나눈 값에 100을 곱해서 %로 나타낸 것이다.

$$소감율 = \frac{반죽\ 분할\ 무게 - 구운\ 후\ 빵의\ 무게}{반죽\ 분할\ 무게} \times 100$$

소감율은 굽는 과정에서 반죽 속 수분이 얼마나 증발하는지를 가리킨다. 소감율의 수치가 크면 클수록 반죽 속 수분 증발이 많고, 작으면 작을수록 증발이 적다는 이야기가 된다.

한편 소감율의 수치를 바탕으로 구운 빵에 열이 얼마나 미쳤는지를 판단할 수 있다. 요컨대 빵 반죽 속 수분이 많이 증발할수록 빵이 많이 구워졌다고 생각할 수 있기 때문이다.

참고로 굽는 과정에서 줄어드는 수분은 반죽 속 자유수가 증발해 밖으로 날아가는 것이다. 구워진 빵 속에 남아 있는 자유수를 함유 수분 또는 잔류 수분이라고 부른다.

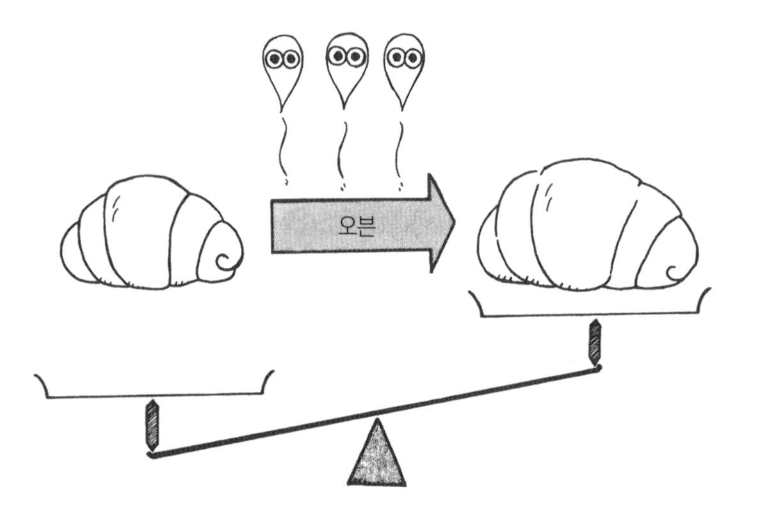

•소감율은 빵을 굽는 과정에서 반죽 속 수분이 증발하는 비율을 뜻한다

테이블 롤을 잘 구우려면

테이블 롤을 구웠는데 빵 바닥이 움푹 들어가고 감긴 부분이 터졌어요. 원인이 무엇인가요?

테이블 롤뿐 아니라 구운 빵의 밑바닥이 움푹 들어가는 이유는 굽는 초기 단계에 밑불이 약해서 빵 바닥 가운데 쪽 크러스트가 형성되기 전에 반죽의 오븐 스프링이 시작했을 때 일어나기 쉬운 현상이다.

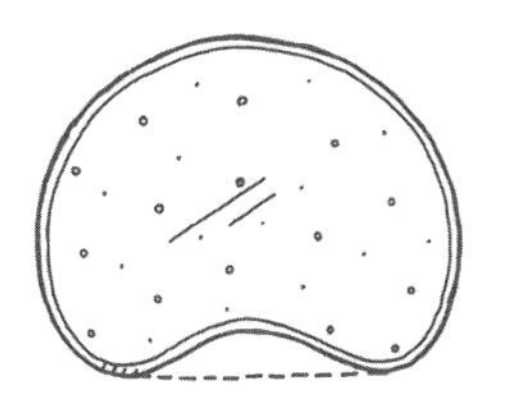

•바닥이 움푹 들어간 빵

이는 빵 반죽이 세로 방향으로 팽창하면서 그때까지 구워지지 않은 빵 밑바닥 반죽이 위로 당겨졌기 때문이다.

밑불의 강도가 적절하다면 비교적 이른 단계에서 빵 바닥의 크러스트가 형성되기 때문에 오븐 스프링에 의해 위로 끌려가는 힘에 저항할 수 있다. 또 이 실패는 빵 바닥이 타는 것을 너무 걱정한 나머지 오븐 밑불을 약하게 했거나 온도를 낮추었을 때 일어날 수 있다.

그 밖의 원인으로는 발효기에서의 발효 과다이다. 이 상태의 반죽은 오븐에서의 오븐 스프링이 커져서 빵의 볼륨도 커지기 때문에 필연적으로 바닥 크러스트 부분 역시 위로 끌려 올라가는 것이다.

또 반죽을 돌돌 만 부분이 찢어지거나 터지는 것은 반죽을 성형할 때 너무 세게 말았거나 발효 미숙이거나 반죽이 너무 딱딱할 때 생기는 현상이다. 이러한 실패는 만드는 이가 반죽을 느슨하게 감거나 좀 더 부드럽게 반죽하는 등 경험을 쌓아 몸으로 직접 체득하는 수밖에 없다.

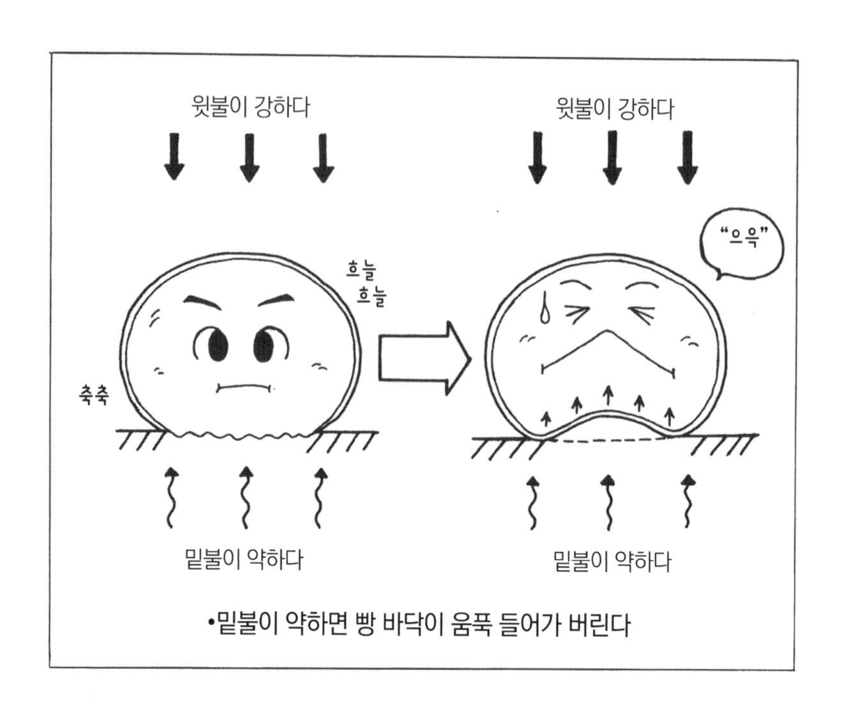

•밑불이 약하면 빵 바닥이 움푹 들어가 버린다

•성형할 때 너무 강하게 말아버리면 터져버린다

•적당히 감고 적당히 반죽하는 것이 포인트

버터 롤의 감긴 선이 선명하게 나오려면

버터 롤의 감긴 선이 깔끔하고 선명하게 나오지 않는데 무엇이 문제인가요?

버터 롤이란 테이블 롤의 버라이어티 브레드 중 하나로, 일본에서는 대표적인 조식용 빵 중 하나다. 그만큼 일반적으로 보급되어 있어서 모양과 맛 모두 소비자의 눈이 높다.

버터 롤의 속살에 문제가 없다는 가정 하에 겉모양만으로 이야기하자면, 감긴 선이 선명하고 깔끔하게 나오기 위해서는 다음과 같은 포인트에 주의해야 한다.

① 반죽을 단단하게 치댄다.
② 믹싱을 덜한다.
③ 반죽 발효를 살짝 미숙하게 한다.
④ 성형 후 발효기로 최종 발효를 살짝 미숙하게 한다

물론 정도의 문제는 있지만 이렇게 하면 버터 롤의 선을 분명하게 남길 수 있다.

하지만 모양은 개선되더라도 식감(특히 부드러운 쪽으로)과 맛, 풍미 등에 문제가 생길 수 있다. 예컨대 반죽을 단단하게 하거나 발효를 미숙하게 하면 구운 빵의 볼륨이 작아지고 식감이 퍼석퍼석해진다. 그러니 너무 겉모습만 중요시하다가 정작 빵 맛 자체를 떨어트리지 않도록 조심하기 바란다.

선이 선명한지 아닌지는 빵의 겉모습 문제에 불과하다. 물론 모양에서 아름다움을 추구하는 것도 좋지만 버터 롤 특유의 부드러움과 고소한 버터, 달걀의 풍미를 잃어서는 안 될 것이다.

반죽을 단단하게, 발효를 억제

식빵의 겉껍질을 얇게 구우려면

식빵을 구웠는데 식빵귀가 두껍게 되어버렸어요.

구운 빵의 크러스트가 두꺼워지는 데는 다 그럴 만한 이유가 있다. 첫 번째는 너무 구워서다. 그것도 저온에서 장시간 구웠을 경우에 현저하게 나타난다. 즉 반죽 표면의 가열 시간이 길어지면서 표면 부분의 캐러멜화 반응이 일어나 크러스트가 두꺼워진 것이다.

두 번째는 반죽 표면이 말라서다. 반죽이 과발효되면 반죽 표면의 산화가 지나치게 일어나면서 말라버린 상태(표면에 막이 생겨 가죽처럼 말라버리는 것)가 된다. 그러면 크럼의 오븐 스프링을 억제해버리기 때문에 반죽이 잘 팽창하지 않는다. 그렇게 되면 크럼에 열이 고루 미치지 않게 되고, 굽는 시간이 길어져서 크러스트가 두꺼워지는 것이다.

이와 같이 오븐 온도를 적절하게 유지하는 것, 오븐 안에서 반죽의 오븐 스프링이 순조롭게 되는 것 등 굽는 시간이 길어지는 원인을 없애는 것이 얇은 크러스트를 형성하는 포인트라고 할 수 있다.

지나치게 구운 빵

일반적인 빵

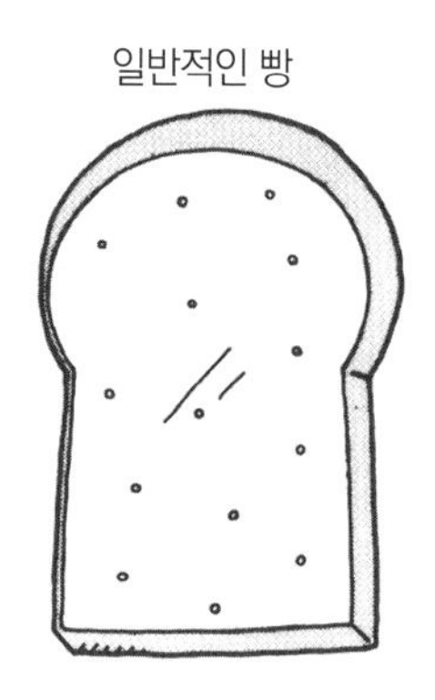

•저온 장시간 가열 때문에 크러스트가 두꺼워진다

대형 빵의 케이빙 현상을 막으려면

구운 식빵을 잠시 뒀더니 옆면이 푹 들어갔어요. 이를 방지하려면 어떻게 해야 좋을까요?

구운 빵, 특히 대형이고 빵틀에 넣어 굽는 빵(각식빵, 산형 식빵 등)에서 이따금 케이빙 현상(빵의 옆면이 동굴처럼 푹 들어가는 현상)을 볼 수 있다.

그 원인으로는

① 덜 구워서
② 빵 반죽이 너무 부드러워서
③ 틀에 대한 반죽의 무게가 적절하지 않아서

등을 들 수 있다. 직접적인 원인은 빵의 크러스트와 크럼의 약체화에 있다.

고온에서 구운 빵이 실온까지 식는 동안에 빵의 내부에 가득했던 수증기가 크러스트를 통해 밖으로 빠지면서 크러스트가 축축해진다. 크러스트는 빵의 골격인데, 크러스트가 축축해져 변형되기 쉬워지는 것이 식빵 등에 케이빙 현상이 일어나는 첫 번째 원인이다.

한편 빵의 크럼은 집으로 비유하자면 벽에 해당한다. 크럼은 무수한 기포로 형성되어 있고 기포를 뒤덮고 있는 글루텐 막, 거기에 달라붙어 있는 전분 입자와 기타 소재 분자가 구성요소다.

•케이빙 현상이 일어난 식빵

갓 구운 빵은 글루텐 막을 비롯하여 다른 소재 분자가 충분히 굳어 있지 않은 상태이기 때문에 형태가 무너지기 쉽다. 그렇기에 빵 자체의 무게를 견디

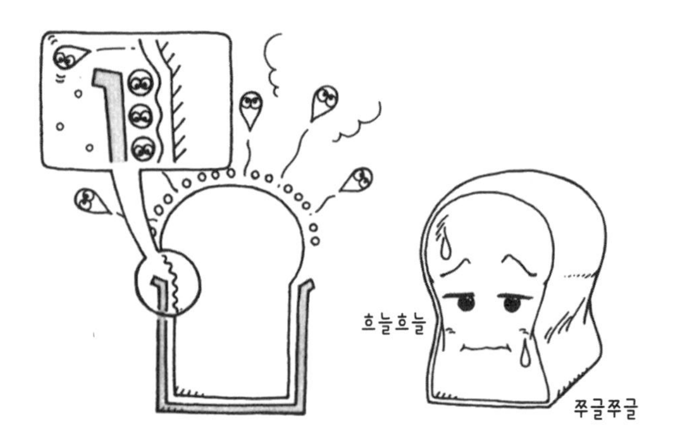

•수증기가 크러스트를 축축하게 만들어서 케이빙 현상이 일어난다

지 못하고 모양이 변형되어 버리기도 한다.

이러한 원인을 이해했다면 이제 빵의 케이빙을 예방하는 방법에 대해 알아보자.

'쇼크'라고 부르는 이 방법은 빵을 오븐에서 꺼낸 직후 빵틀에 그대로 넣은 상태에서 작업대 위에 쿵 떨어트리는 것이다. 이렇게 하면 빵 속에 가득했던 수증기를 조금이라도 이른 단계에 방출해서 크러스트 부분의 습기를 줄일 수 있다. 또 크럼 부분을 형성하고 있는 몇 가지 작고 얇은 불안정한 기포막이 쇼크에 의해 망가지며 크기가 큰 기포가 된다. 이렇게 기포막이 강화되면 안정적인 기포가 되어 케이빙을 예방할 수 있다.

〈쇼크의 요령〉

오븐에서 꺼낸 직후, 틀에 넣은 채로 작업대 위에 쿵 하고 떨어트린다

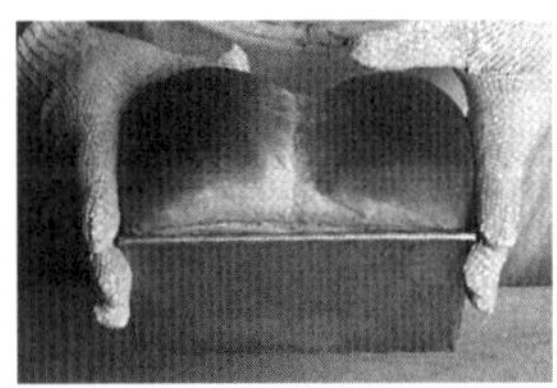

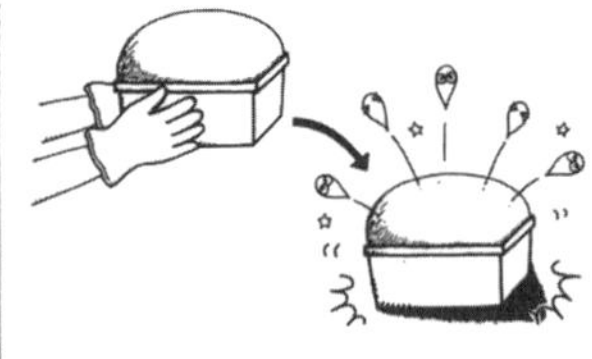

다만 이 쇼크 요법은 항상 효과적이라고 말하기는 어렵다. 완전히 예방 가능한 수단은 아니고 케이빙의 확률을 줄이고 정도를 완화해주는 방법이라고 여겨주기 바란다.

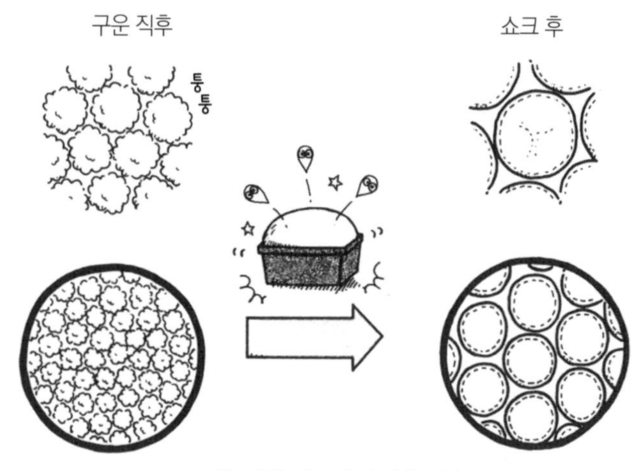

•쇼크에 의해 기포막이 강화된다

식빵 모서리가 잘 나오게 구우려면

구운 각식빵의 위쪽 모서리가 각지거나 둥그스름해지는 이유는 무엇인가요?

여기에는 두 가지 원인이 있다. 첫 번째는 빵틀에 대한 반죽의 분량이 적절하지 않았을 경우다. 분량이 많으면 식빵이 각지고 분량이 적으면 식빵이 둥그스름해진다.

두 번째는 발효의 진도 때문이다. 발효기에 넣는 최종 발효 때 발효가 과다하면 각지고, 부족하면 둥그스름해진다.

구체적으로 알아보자. 실제로는 반죽 상태(특히 어느 정도로 오븐 스프링 된 반죽인가)와 무게와 빵틀 용적의 균형이 문제가 된다.

일반적인 직접 반죽법으로 만든 각식빵으로 예를 들어보면, 우선 빵틀의 용적을 물의 무게로 환산한다. 그 물의 25%에 해당하는 반죽을 틀에 붓는다. 그리고 틀 용적의 70% 정도까지 발효기로 최종 발효 시킨 후 구우면 대체로 틀에 딱 맞고 보기 좋은 식빵이 나온다.

현행 평가로는 위쪽 모서리가 5~10㎜ 정도의 하얀 띠(연하게 구워진 부분)가 있는 것을 보기 좋은 각식빵으로 보고 있다. 물론 반죽 종류가 달라지면 그 반죽이 늘어나는 정도도 달라진다. 그러니 반죽의 개성과 상태를 잘 파악하는 것이 모양이 깔끔한 빵을 구워내는 비법이라 할 수 있겠다.

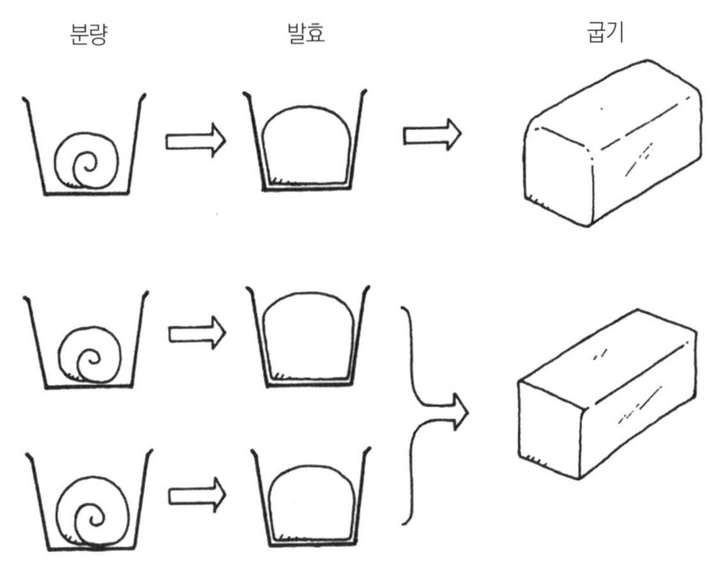

•반죽의 분량과 발효 정도에 따른 제품의 차이

접기형 반죽을 잘 구우려면

데니시 페이스트리나 크루아상을 구웠을 때 빵이 부풀지 않고 층도 생기지 않는 것은 무엇 때문인가요?

이는 접기형 발효 반죽에 전반적으로 해당하는 이야기인데, 접은 상태가 나쁘면 일단 층이 깔끔하게 나오지 않는다. 특히 반죽과 유지의 굵기가 일정하지 않으면, 반죽 사이에 균등한 유지층이 없고 곳곳에 반죽이 묻어 있다거나 어느 한 부분만 유지가 이상하게 많이 굳어 있다거나 하는 등 반죽과 유지의 균형이 무너져버리기 때문에 층이 깔끔하게 나오지 않는다.

요컨대 반죽의 신장성과 유지의 가소성이 일치하지 않는 것이다. 반죽과 반죽 사이에 끼어 있는 유지가 반죽과 똑같이 늘어나지 않았다는 뜻이기도 하다. 이는 특히 유지가 너무 단단할 때 흔히 볼 수 있다. 유지를 반죽 굳기에 맞추어 부드럽게 만들고 유지의 가소성을 좋게 하면 해결된다.

또 한 가지 큰 원인은 반죽 성형 후 발효기의 온도가 지나치게 높은 것이다.

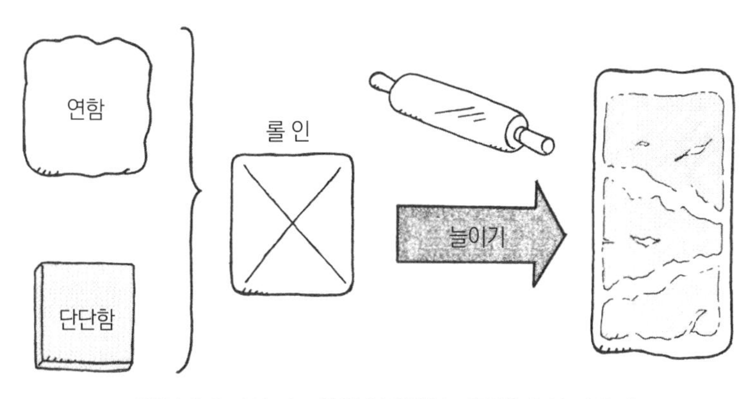

•반죽과 유지의 가소성이 일치해야 깔끔한 층이 나온다

발효기의 온도가 접은 유지의 녹는점(고체가 액체로 변하는 온도)보다 높으면 유지가 녹아 흘러버린다.

애당초 접은 반죽을 구웠을 때 층이 나오면서 부푸는 것은 반죽 자체가 팽창한 것도 있지만 굽는 과정에서 유지가 급격하게 가열됨으로써 수분이 증발하고 그때 생기는 수증기압이 빵 반죽을 들어 올려주기 때문이다. 그런데 발효기로 최종 발효 중에 유지가 흘러나가 버리면 발효한 반죽을 오븐에 넣었을 때 수증기압이 충분히 나오지 않는 것이다.

해결책으로는 발효기의 온도가 유지의 녹는점보다 높지 않게 하는 방법이 있다. 서두르지 말고 빵 반죽의 발효 시간을 충분히 주기 바란다. 참고로 접은 유지의 평균 녹는점은 32~33℃ 정도다.

여름철과 겨울철에 따라 유지의 제조 단계 때부터 녹는점의 온도를 다소 조정한다고 한다. 즉 여름철에는 기온이 높으므로 녹는점을 올려서 유지가 잘 녹지 않게 만들고, 겨울철에는 반대로 기온이 낮으므로 녹는점을 낮춰서 유지가 잘 녹게 만드는 것이다. 다만 이는 작업하는 실내 온도를 고려한 것이다. 발효기의 온도는 일 년 내내 실온에 좌지우지되지 않고 관리할 수 있으므로 온도 설정을 유지의 녹는점보다 낮게 조정할 수 있다. 보통 접기형 반죽의 발효기 온도는 30℃ 안팎으로 설정하는 것이 무난하다.

발효기 온도가 너무 높으면 유지가 녹는다

프랑스빵 특유의 크럼을 만들려면

프랑스빵의 속이 꽉 차서 묵직해져 버렸는데 어떻게 하면 잘 구울 수 있나요?

프랑스빵의 속이 꽉 차 있다는 것은 곧 크럼 부분의 기포가 조밀하다는 뜻이다. 여기에는 다음과 같은 네 가지 원인이 있다.

① 빵 반죽이 지나치게 부드러웠다.

② 반죽 믹싱이 너무 강했거나 너무 길었다. 그래서 반죽 속 글루텐 조직이 지나치게 발달해 촘촘한 기포막이 많이 형성되었다.
③ 빵 반죽의 발효가 미숙했다. 반죽 속 기포 내에 충분한 양의 가스가 보유되지 않아 기포 자체가 아주 작아지고 말았다.
④ 반죽을 둥글리기, 성형할 때 반죽 속 가스를 너무 뺐거나 반죽을 너무 강하게 수축시켰다. 그 결과 반죽 속 기포 내에서 가스가 빠져나가 기포가 작아지고 말았다.

•식빵과 프랑스빵의 크럼 차이

정통 직접 반죽법으로 이러한 네 가지 원인의 개선책을 살펴보자.

① 가루의 숙성도와 단백질에 의한 것도 있지만 가루 대비 흡수율이 70%를 넘지 않게 한다.

② 반죽 믹싱을 덜 한다. 배합과 사용할 믹서 타입과도 관련 있지만, 비교적 저속 회전이라도 7~8분 정도만 믹싱하면 충분하다. 그 이상 길게 믹싱하면 반죽 속 글루텐이 너무 나와서 기포가 조밀하고 볼륨 있는 식빵에 가까운 프

랑스빵이 되고 만다.

③ 반죽 발효의 미숙은 1차 발효가 부족할 때 많이 보이는 현상이다. 반죽의 온도와 믹싱 정도도 관련 있지만, 프랑스빵의 기본적인 기준은 빵 반죽의 팽창률이 적어도 2.5배 정도가 될 때까지 발효시키지 않으면 발효 미숙 반죽이 되어버린다. 또 하나의 기준은 반죽 표면을 손가락으로 눌렀을 때 반죽이 끈끈하게 달라붙지 않는 정도로 건조한 것이다. 또 핑거 테스트로 반죽 상태를 확인하는 것도 잊어서는 안 된다.

④ 반죽 둥글리기와 성형 시 필요 이상으로 펀치를 강하게 하지 않는다. 가볍고 부드러운 터치로 다뤄야 한다.

위 네 가지를 잊지 않는다면 식빵처럼 기포가 조밀한 크럼을, 프랑스빵 특유의 기포 크기가 다양한 빵으로 개선시킬 수 있다.

쿠프를 깔끔하게 내려면

<u>프랑스빵의 쿠프가 깔끔하게 나오지 않는 이유는 무엇인가요?</u>

굽는 과정 중에 오븐 안에서 반죽이 오븐 스프링하여 내부 반죽이 위로 밀려 올라가면서 쿠프가 벌어진다. 오븐 안에서 반죽의 팽창이 적으면 쿠프는 잘 벌어지지 않게 된다. 그렇기에 신장성 좋은 반죽을 만드는 것이 쿠프가 깔끔하게 나오는 첫 번째 조건이다.

그러기 위한 요인을 다음과 같이 정리해보았다.

① 제법을 비교하면 직접 반죽법보다 발효종법이나 액종법 쪽이 반죽의 수화와 글루텐 형성 상태가 좋고 신장성 있는 반죽이 된다.

② 반죽은 살짝 단단하게 되어야 오븐 안에서 팽창이 잘 된다.

③ 증기는 적은 편이 쿠프가 갈라지기 쉽다. 증기가 많으면 쿠프의 잘린 면에 다량의 미세 물방울이 붙으면서 접착제 같은 작용을 하여 반죽과 반죽을 붙여버린다.

④ 반죽 믹싱은 길게, 강하게 해서 글루텐의 강화를 도모하고 가스 보유력이 있는 반죽으로 만든다. 그렇게 하면 구울 때 반죽의 팽창력이 커지면서 쿠프가 잘 나온다.

단과자빵 표면의 주름을 없애려면

구운 단과자빵을 잠시 뒀을 때 생기는 표면의 주름을 개선하려면 어떻게 해야 하나요?

단과자빵, 특히 팥소나 크림을 반죽으로 감싼 것은 구울 때 이러한 충전물로부터 많은 수분이 증발된다. 빵이 다 구워진 후에도 그곳에서 발행하는 수증기가 반죽 속에 들어 있는 수증기와 함께 크러스트를 지나 빵 밖으로 방출된다. 이 수분량이 특히 단과자빵에 많아서 표면에 주름이 생기고 마는 것이다.

제일 주의해야 할 점은 충전물 속 수분량이다. 단과자빵용으로는 이 충전물들의 맛을 해치지 않는 선에서 최대한 수분을 줄이는 것이 중요하다.

다음으로 반죽 상태에 관해 이야기하자면, 주름 상태가 너무 심할 경우에는

① 발효기로 최종 발효하는 것을 피해 빵의 볼륨을 억제한다.
② 단단하게 반죽한다.
③ 장시간 구워서 크러스트를 어느 정도 두껍게 만든다

등의 개선 방법이 있다. 하지만 어느 것도 절대적인 효과는 기대할 수 없다. 또 이러한 조작은 조금만 잘못 해도 빵의 맛과 풍미, 식감이 달라질 수 있으니 조심해야 한다.

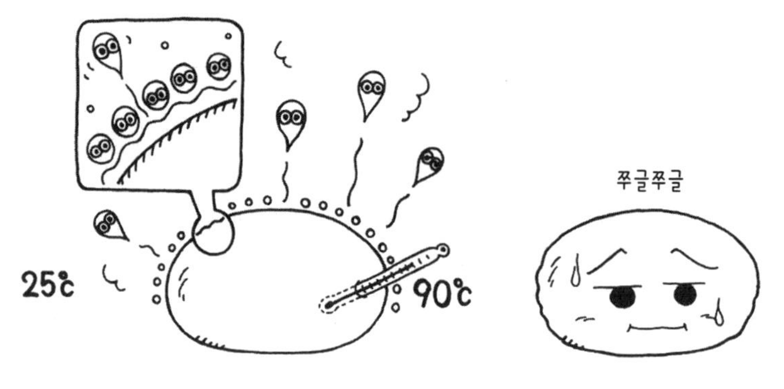

•충전물에서 증발한 수분이 주름을 만드는 주범

크림빵의 습기를 줄이려면

반죽으로 크림을 싸서 구우니 빵이 설익고 말았는데, 무엇이 문제인가요?

빵과 잘 어울리는 크림은 아주 많다. 반죽 사이에 크림을 끼우거나 반죽으로 감싼

다음 굽는다. 크림은 수분을 넣고 섞거나 찌는 등의 조리법으로 만드는 것이 대부분인데, 완성된 크림에는 다량의 수분이 들어 있다.

반죽으로 크림을 싸서 오븐에 넣고 구우면 반죽과 동시에 크림도 가열된다. 크림이 가열되면 당연히 크림 속 수분이 증발한다. 그 수증기는 크림을 싸고 있는 빵 반죽, 특히 크림과 닿아 있는 반죽 안쪽에 대부분이 흡수된다.

빵이 다 구워진 단계에서는 크림에서 증발한 수분이 수증기 상태로 존재하지만 빵이 식으면 그 수증기가 물방울이 된다. 그것들이 빵 반죽과 크림이 닿은 면에 머무르면서 빵을 축축하게 만든다. 그 결과 먹었을 때 설익은 느낌이 나는 빵이 되어버리는 것이다.

반죽으로 크림을 싸서 굽는 성형 방법을 쓰는 한 이에 대한 결정적인 해결책은 없다. 적어도 크림 속 수분의 증발을 막지 못하는 한 피할 수 없는 현상이다.

다만 빵의 습기를 줄인다는 의미에서 반죽을 충분히 구워 반죽이 더 고화되게 하고 말려서 습기를 완화시킬 수는 있다. 다 구운 크림빵이 축축한 것은 어쩔 수 없는 일이니 조금 충분히 열을 가하여 빵을 건조하게 만들어두는 것이다.

그렇다면 굽는 방법을 구체적으로 알아보자. 우선 오븐 온도를 5~10% 낮춘다. 그리고 굽는 시간은 반대로 5~10% 늘린다. 이렇게 하면 빵 반죽의 고화를 촉진하여 빵을 건조하게 구울 수 있다. 이때 빵을 건조하게 굽는 것과 태워버리는 것은 종이 한 장 차이에 불과하므로 굽기 정도에 충분히 주의를 기울여야 할 것이다.

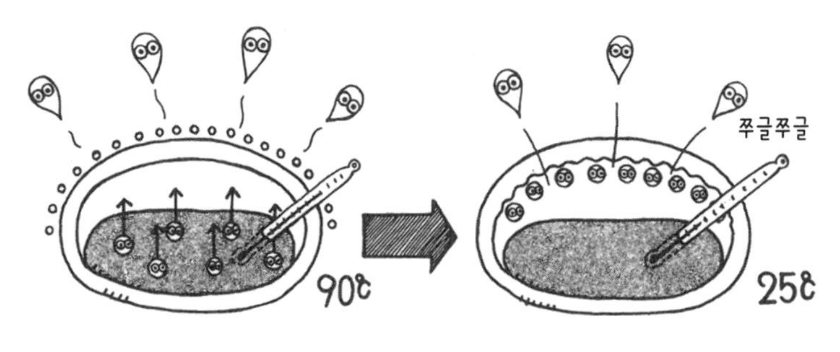

•여열이 가시면 크림과 닿은 면에 수증기가 모인다

카레빵을 터지지 않게 튀기려면

카레빵을 튀기는 사이에 이음매 부분이 터져버리는 이유는 무엇인가요?

원래 속에 충전물을 채운 이스트 도넛(이스트를 써서 반죽한 다음 발효시켜 기름에 튀긴 것)은 팥소, 크림, 카레 등을 반죽으로 감싸는 작업이 필요하다. 이때 반죽의 이음매가 반드시 생긴다.

그런데 기름으로 튀기는 동안 왜 이음매가 터져버리는 것일까? 발효한 카레빵 반죽을 기름에 튀기면 기름 온도 때문에 반죽이 팽창한다. 그 결과 이음매 부분이 벌어지면서 충전물이 튀어나오는 것이다. 이음매가 터지는 원인으로는 다음과 같은 것을 생각해볼 수 있다.

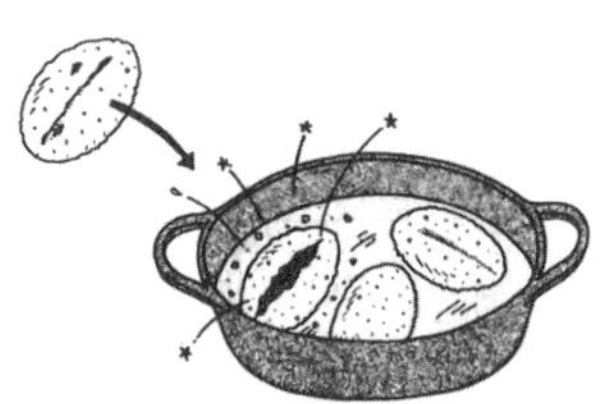

① 이음매를 만드는 과정에서 반죽끼리 제대로 붙지 않았을 때
② 이음매 사이에 충전물이 끼여 있었을 때
③ 반죽의 발효 과다로 건조(반죽의 산화 촉진에 의한)되어서 이음매 부분의 반죽이 잘 붙지 않게 되었을 때
④ 반죽이 단단하고 탄력이 너무 강해 이음매 부분의 반죽이 잘 붙기 어려웠을 때

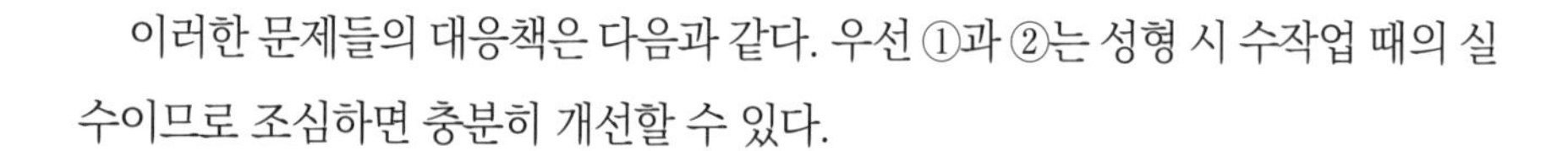

이러한 문제들의 대응책은 다음과 같다. 우선 ①과 ②는 성형 시 수작업 때의 실수이므로 조심하면 충분히 개선할 수 있다.

③은 반죽 표면이 건조되는 단계까지 발효시키지 않는 것이다. 반죽 건조를 막는다는 점에 대해서는 성형 전 반죽 분할이나 벤치 타임 때도 공통적인 해당사항이다. 대응책으로서는 발효기로 관리하거나 비닐 시트 등으로 반죽을 덮어서 건조를 막는 방법이 있다. 반죽을 건조시키지 않고 꼼꼼히 신경 써서 작업한다면 이러한 실패는 웬만하면 막을 수 있다.

④는 반죽의 탄력이 너무 강해버리면 발효기로 발효 중에 반죽이 팽창하면서 이음매가 벌어지고 만다. 반죽이 단단할 경우 유연하게 만들기 위해 물이나 수분이 많은 재료의 배합을 늘리기 바란다.

빵을 바삭바삭하게 튀기려면

이스트 도넛이 너무 기름지고 끈적끈적해요

도넛 등 튀기는 빵 종류는 대부분의 기름이 크러스트 부근에 집중되어 있는데, 일반적으로 반죽 무게에 대해 흡수한 기름 양이 10%를 넘으면 기름지게 느껴진다.

도넛뿐 아니라 모든 튀김류는 바삭바삭 튀기는 것이 생명이다. 튀김옷이나 반죽 표면이 기름을 많이 흡수하면 아무래도 끈적거리고 만다. 또 갓 튀겼을 때는 잘 모르지만 식으면서 점점 느끼하게 느껴지는 식감은 기분이 좋지 않은 법이다.

이스트 도넛이 기름지게 튀겨진 원인에는 무엇이 있을까?

① 반죽이 너무 단단하다(반죽 속 수분이 부족하다) → 반죽 속 글루텐 조직이 느슨해진다 → 발효 중에 생기는 탄산가스의 보유력이 떨어진다 → 반죽이

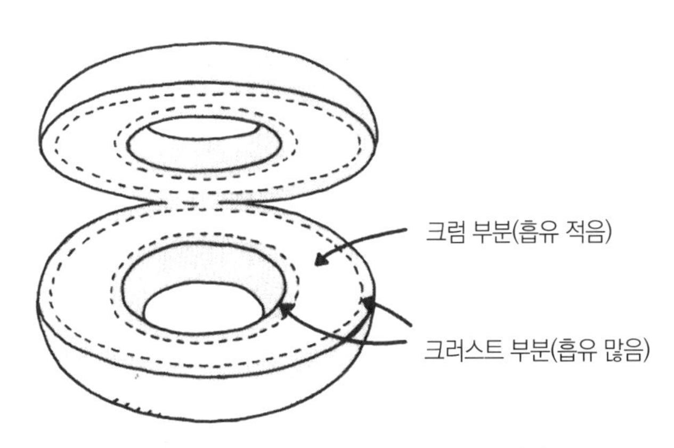

•기름의 흡수를 적게 하는 것이 잘 튀기는 비결

충분한 볼륨을 얻지 못한다→ 튀길 때 반죽에 열이 고루 미치지 못해서 튀기는 시간이 길어진다 → 도넛이 기름을 너무 많이 흡수한다.

② 반죽 믹싱이 부족하다 → 반죽 속 글루텐 조직이 약체화 된다 → 반죽의 가스 보유력이 떨어진다 → 반죽에 볼륨을 얻을 수 없다 → 튀기는 시간이 길어진다 → 기름 흡수가 많아진다.

③ 튀기는 기름의 온도가 낮다 → 튀기는 시간이 길어진다 → 기름 흡수가 많아진다.

④ 반죽의 발효 부족(반죽 온도가 낮고 발효 시간이 짧은 등) → 반죽의 볼륨 부족 → 열이 고루 미치지 못해 튀기는 시간이 길어진다 → 기름 흡수가 많아진다.

반죽의 관리 조건상 허용 범위를 넘은 과부족이 있을 경우 튀기는 시간이 길어지기 때문에 반죽의 기름 흡수율이 올라간다. 특히 ①~③까지 수분 부족, 믹싱 부족, 온도 부족, 발효 부족 등의 원인을 들었는데 반대도 마찬가지여서, 과다한 것도 악영향을 미친다. 이상의 요인을 배제한다면 기름기가 적당하고 폭신폭신 가벼운 식감의 이스트 도넛을 튀겨낼 수 있다.

레이즌 브레드를 폭신하게 구워내려면

레이즌 등 건조 과일을 섞으면 빵이 별로 폭신폭신하게 구워지지 않아요

원래 식빵 반죽과 레이즌 브레드 반죽은 성질이 조금 다른데, 반죽의 팽창률 자체에는 별로 차이가 없다. 두 반죽 모두 각각 적절하게 발효만 시킨다면 폭신폭신한 빵이 나온다. 그런데 식빵에 비해 레이즌 브레드가 왜 폭신하게 구워지지 않는 경

우가 많은 것일까?

우선 그 원인 중 하나는 반죽의 무게에 있다. 예를 들어 원로프 식빵과 레이즌 브레드의 배합을 비교해서 생각해보자(직접 반죽법).

식빵

강력분	100.0%
설탕	5.0%
식염	2.0%
생이스트	2.0%
쇼트닝	3.0%
탈지분유	2.0%
물	70.0%
반죽 합계	**184.0%**

레이즌 브레드

강력분	100.0%
설탕	10.0%
식염	2.0%
생이스트	4.0%
쇼트닝	5.0%
버터	5.0%
탈지분유	4.0%
전란	10.0%
물	60.0%
반죽 합계	200.0%
레이즌	80.0%
합계	**280.0%**

이처럼 식빵 400g과 레이즌 브레드 400g은 반죽 합계가 점하는 비율이 다르다. 즉 레이즌 브레드 400g 속에는 반죽 외에도 레이즌이 상당한 비율로 들어가 있다. 요컨대 285g이 반죽이고 115g은 레이즌이다.

그래서 만약 레이즌 브레드의 반죽 총 무게를 400g으로 잡았다면 레이즌을 넣은 총 무게는 560g이나 된다. 그렇기에 엄밀히 따지자면 다 구웠을 때 식빵과 같은 볼륨감을 원한다면 총 무게가 560g이 필요한 셈이다.

실제로는 그 정도로 늘릴 필요는 없지만 보통 레이즌 등 건조 과일이 가루 대비 70~80% 배합된 반죽의 경우 반죽만 구울 때보다 약 1.2배 정도의 반죽 양이 필요하다. 이 경우는 400g의 1.2배인 480g이 된다. 이를 기준으로 삼는다면 반죽의 무게에 따른 빵의 볼륨감 결여는 어느 정도 보완이 될 것이다.

레이즌 브레드가 볼륨이 잘 나오지 않는 또 한 가지 원인은 딱딱한 이물질이나 다름없는 레이즌(건조 과일 등)이 반죽 속에 점재하며 글루텐 조직을 끊어 가스 보유력을 떨어트리기 때문이다. 그 결과 오븐에 넣은 반죽의 오븐 스프링도 적어져, 다 구운 빵의 볼륨이 작아진다. 레이즌의 분량이 많으면 많을수록 그 영향이 크다.

〈레이즌 브레드 400g의 반죽과 레이즌 무게〉

$$400\text{g} \times \frac{200\%}{280\%} \fallingdotseq 285\text{g}$$ 빵 반죽의 무게

$$400\text{g} \times \frac{80\%}{280\%} \fallingdotseq 115\text{g}$$ 레이즌의 무게

건조 과일과 반죽의 적절한 균형은?

<u>적정량의 건조 과일을 섞은 빵 반죽을 구웠는데,
다 된 빵을 보니 과일이 너무 적게 느껴져요</u>

반죽 단계에서는 과일을 많이 넣은 것 같은데 막상 구운 빵을 잘라 보면 의외로 얼마 없는 것처럼 느껴질 때가 있다.

발효 전 단계에서는 반죽이 부풀지 않은 상태이기 때문에 반죽 속에 여기 저기 흩어져 있는 과일의 밀도가 높지만, 발효기로 최종 발효를 끝내고 오븐에 넣어 구우면 반죽의 부피가 발효 전단계의 몇 배나 커지기 때문에 반죽 속 과일의 밀도가 그만큼 낮아지는 것이다.

그렇기에 건조 과일의 비율을 많이 하면 구운 빵 속 과일의 밀도가 올라가게 되

는데, 실제로는 과일을 무한정 늘릴 수는 없다. 일반적인 빵 반죽의 경우 배합상으로 가루 대비 100% 정도까지가 한도라고 할 수 있다. 그보다 많이 건조 과일의 분량을 늘리면 이번에는 빵 반죽(특히 글루텐 조직)에 손상을 줘서 발효력이 떨어지는 결과를 초래한다. 반죽 발효가 불충분하면 빵의 볼륨감도 작아지고, 열이 고루 미치지 못해 끈적끈적한 빵이 되어버린다.

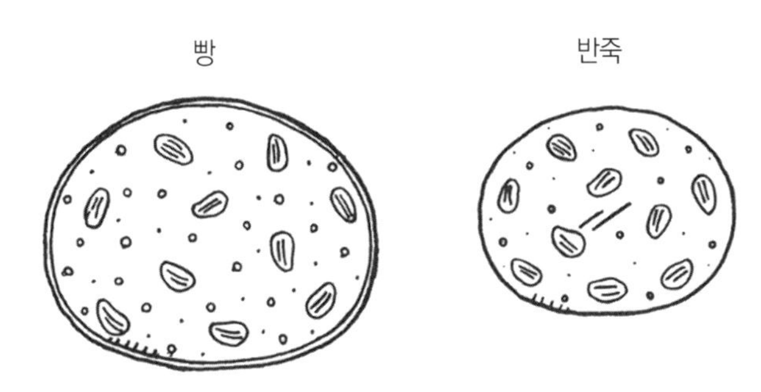

• 빵이 되면 과일의 밀도가 낮아진다

끝맺으며

이 책을 다 쓰고 나니, 제빵은 한마디로 설명 가능한 '비법'이 별로 없는 것 같다는 생각이 든다. 빵을 만들면서 빚어지는 모든 현상이 결국은 한 점으로 집약되기 때문이다. 요컨대 하나의 현상을 해명하기 위해 단계를 밟아가다 보면 반드시 화학, 생물, 물리의 세계에 도달하게 되고, 결국은 분자 수준의 영역에 닿는다.

이렇게 우리가 실제로 빵을 만드는 기술과 직접적인 연관이 없는 부분을 이야기해야 한다는 사실에 부담을 느끼지 않을 수 없다. 또 '그러한 부분들을 모르면 제빵을 진정으로 이해할 수 없는 걸까? 어느 정도까지 파고들어야 하지?' 하는 의문이 생긴다.

필자의 판단에 따라 내용을 걸러냈는데, '과연 충분한 설명이 되었을까? 이해가 되었을까?' 하는 불안도 있다. 다시 한 번 상세하게 설명하자고 생각한 적도 많지만 이번에는 초보자를 위한 도서를 목표로 설정했기에 굳이 그렇게 하지는 않았다. 만약 기회가 닿는다면 중급 편, 상급 편에도 도전해보고 싶다.

제빵의 간단하면서도 어려운 부분은 소재의 종류가 적다는 데에 있다. 다루는 소재가 적은 만큼 그 특징을 최대한 이끌어내야 하고, 그러려면 각 소재의 특성과 개성을 잘 알아야 한다. 또, 한정된 소재만으로 각 빵의 개성을 끌어내는 것은 제빵사의 사명이기도 하다.

다른 요리나 제과 같은 경우는 쓰는 소재의 수와 기법이 오만 가지는 된다. 그리고 그렇게 해서 탄생하는 요리와 과자는 그야말로 변화무쌍하다. 하지만 제빵은 소재와 기법이 무척 한정적이기 때문에 빵 자체로는 뚜렷한 변화를 주기가 어렵다. 이것이 앞서 말한 제빵의 어려움이다. 즉 개성화하기 어렵다는 것이다. 그렇기에 소재와 제빵의 과학을 공부하고 거기에 자신의 경험을 토대로 얻은 '감'을 더하여 더 매력적인 빵을 만들려고 꿈꾸는 것. 여기에 현대 기술자들을 위한 제빵의 '비법'이 숨어 있다고 생각한다.

제빵의 길에 이제 막 들어선 사람들에게 이 책이 제빵의 과학을 조금이라도 더 잘 이해하게 도와줄 교과서가 되기를 간절히 바란다는 말을 마지막으로 덧붙인다. 끝으로 이 책의 설명에 큰 몫을 하는 일러스트를 그려주신 츠지제과전문학교의 나가모리 아키오 씨와 에코르 츠지 오사카(エコール辻 大阪)의 미야타 키미코 씨에게 감사드린다. 또 원고를 다듬는 데 있어서 많은 아이디어를 제공해주신 시바타 쇼텐의 사토 준코 씨에게 진심으로 감사의 말씀을 전하고 싶다.

저자 요시노 세이이치

색인

가당 반죽용 **35**
가당 반죽용 이스트 **35**
가소성 **122**
갈레트 **168**
강력분 **22**
결합수 **176**
계량기 **102**
고화 **24**
곰팡이 **173**
그레이엄 밀가루 **29**

나트론 라우게(Natron Lauge) **71**
노면(老麵, 묵은 종) **45**
노타임 반죽법 **93**

단과자빵, 틀 전용 오븐 **152**
단백질 **20**
단시간 발효법 **93**
달걀의 일반 조직도 **61**
도우 컨디셔너 **133**
드라이이스트 **33**
드라이이스트의 예비 발효 **41**

라우겐 용액 **71**
레이즌 브레드 **234**
로프균 **174**
리치(rich) **50**
린(lean) **50**

말타아제 **34**
메일라드 반응(Maillard reaction) **155**
몰트 시럽 **72**
무가당 반죽 **35**
무가당 반죽용 이스트 **35**
무염 **69**
미셀 구조 **27**
밀가루와 이스트에 들어 있는 전분 분해 효소 **132**
밀가루의 숙성 **200**
밀기울 **28**
밀배아 **29**
밀알 **28**
밀알의 단면 **28**

바네통(Banneton) **186**
바로 굽는 빵 전용 오븐 **152**
바실러스 메센테리쿠스(B.mesentericus) **174**
반죽 둥글리기 **145**
발전 단계(Development Stage) **118**
발효기 **133**
발효 시스템 **132**

발효와 부패 **128**
발효종법 **89**
발효종법(사워종법) **89**
배유 **28**
베이커스 퍼센트 **104**
벤치 타임 **146**
변속별 모델 회전수 **115**
브리오슈 **188**
비타민 C **202**
빵의 경화 **55**

사분할법 **108**
사카로미세스 세레비시아(Saccharomyces cerevisiae) **131**
생이스트 **33**
석면 오븐 바닥 만능 오븐 **152**
설탕 및 식염 농도와 AW의 관계 **178**
소감율 **216**
손반죽으로 하는 직접 반죽법 믹싱 **83**
쇼크의 요령 **222**
수분 활성(AW) **176**
수소 **21**
수직형 믹서 **113**
스트레이트법 **80**
스파이럴 믹서 **113**
스펀지 도우법 **85**
슬란트 믹서 **113**
시스테인 **77**
시스틴 **78**
신장성 **122**

아미노기 **21**
아미노산 **20**
아밀로오스 **26**
아밀로펙틴 **26**
액종법(풀리쉬법) **97**
약산성 물 **65**
업무용 오븐 **151**
열변성 **60, 152**
오븐 스프링 **154**
온도계 **101**
유염 **69**
이스트 도넛 **193**
이스트의 세포도 **38**
이스트의 출아와 증식 **39**
이스트의 활성에 적합한 효소의 작용 **132**
이스트 푸드 **74**
인베르타아제 **33**

자유수 **176**
저온(냉장) 장시간 발효법 **95**
전립분 **29**
전분에서 포도당으로 변화하는 과정 **132**
전분의 노화 **56**
전분 입자의 변화 **24**
전지분유 **203**

주종(酒鍾) **48**
중종법 **85**
직접 반죽법 **80**

천연발효종 **47**
천연 효모 **46**
층수 계산식 **53**
치마아제(Zymase) **131**

카르복실기 **21**
케이빙 **221**
케이크 도넛 **193**
퀵 브레드 반죽법 **120**
크러스트 **152**
크럼 **152**
클린업 단계 **65**
클린업 단계(Clean-up Stage) **117**

탈지분유 **60, 203**
트완(Twann) **168**

파트 퍼 밀리언(ppm) **106**
팥소 **181**
팽배율 **136**
팽배율 측정법 **139**
펌퍼니클 **182**
표면 경화 **26**
피타빵 **161**

픽업 단계 **65**
픽업 단계(Pick-up Stage) **117**
핑거테스트 **139**

호밀빵 **184**
호화 **24**
회분 **18**
흰 쌀밥과 식빵의 주요 영양 성분 **171**

α화 **25**

KW **67**

pH **66**

R기 **21**

PAIN「KOTSU」NO KAGAKU by Seiichi Yoshino (TSUJI Institute of Patisserie)
© Tsuji Culinary Research Co., Ltd., 1993
All rights reserved.
No part of this book may be reproduced in any form without the written permission of the publisher.
Originally published in Japan in 1993 by SHIBATA PUBLISHING CO., LTD., Tokyo

This Korean edition is published by arrangement with Shibata Publishing Co., Ltd., Tokyo
in care of Tuttle-Mori Agency, Inc., Tokyo through Danny Hong Agency, Seoul.
Korean translation rights © 2020 by Turning Point

이 책의 한국어판 저작권은 대니홍 에이전시를 통한 저작권사와의 독점 계약으로 (주)터닝포인트아카데미에 있습니다.
저작권법에 의해 한국 내에서 보호를 받는 저작물이므로 무단전재와 복제를 금합니다.

〈본문 제작 스태프〉
본문 일러스트 : Nagamori Akio, Miyata Kimiko
사진 : Fuma Junko
장정 : Takamura Michiko

제빵의 과학

맛있는 빵 만들기의 과학적 원리에 대한 **Q&A 131**

2022년 2월 15일 초판 2쇄 발행
2024년 10월 20일 초판 3쇄 발행

지은이 요시노 세이이치
옮긴이 조민정
감수 임태언
펴낸이 정상석
책임편집 엄진영
디자인 양은정
펴낸 곳 터닝포인트(www.diytp.com)
등록번호 제2005-000285호
주소 (12284) 경기도 남양주시 경춘로 490 힐스테이트 지금디포레 8056호(다산동 6192-1)
전화 (031) 567-7646
팩스 (031) 565-7646
ISBN 979-11-6134-086-9 (13590)
정가 16,000원

내용 및 집필 문의 diamat@naver.com

이 도서의 국립중앙도서관 출판예정도서목록(CIP)은 서지정보유통지원시스템 홈페이지(http://seoji.nl.go.kr)와
국가자료종합목록 구축시스템(http://kolis-net.nl.go.kr)에서 이용하실 수 있습니다.
(CIP제어번호 : CIP2020046103)